全面创新改革
上海建设全球科技创新中心的体制机制问题

王振 等／著

COMPREHENSIVE INNOVATION & REFORM
REGIME AND MECHANISM OF SHANGHAI TOWARD THE GLOBAL SCIENCE AND TECHNOLOGY INNOVATION CENTER

上海社会科学院出版社
SHANGHAI ACADEMY OF SOCIAL SCIENCES PRESS

上海社会科学院院庆60周年
暨信息研究所所庆40周年系列丛书

编审委员会

顾　　问

张道根　于信汇

名誉主编

王世伟

主　　编

王　振

副 主 编

党齐民　丁波涛

委　　员（以姓氏笔画为序）

王兴全　李　农　高子平　轩传树　沈结合
俞　平　唐　涛　惠志斌　殷皓洁

总　　序

上海社会科学院信息研究所的历史可以溯源到1959年建立的学术情报研究室,1978年10月正式成立学术情报研究所,1992年12月更名为信息研究所。建所以来,信息研究所的研究方向与研究重点一直伴随着时代的变化与信息科学的发展步伐而不断调整,目前已发展成为从事重大战略信息和社科学术信息汇集、分析的专业研究所,现有在编人员45人,设有6个研究室、1个编辑部和3个院属研究中心,承建"丝路信息网""长江经济网"两大专业数据库和"联合国公共行政网(亚太地区)",承办"全球城市信息化论坛"和"一带一路上海论坛"。

成立至今的40年里,信息研究所始终紧跟时代步伐,坚持以马克思主义为指导,坚持理论联系实际,以专业的学术情报研究资政建言、服务社会,取得了丰硕的研究成果,为上海社会科学院的智库建设和学科发展作出了积极的贡献。

建所40年是信息研究所发展的一个里程碑,也是一个新起点。未来信息研究所将以习近平新时代中国特色社会主义思想为指导,紧紧围绕党和国家的重大战略布局,优化学科配置和人才队伍,努力建设以重大战略情报信息研究为重点,以专业大数据库建设为依托,以各类论坛、智库报告为载体的新型情报信息研究体系。

值此上海社会科学院建院60周年暨信息研究所建所40周年之际,我们策划了这套院庆暨所庆系列丛书。丛书共8册,内容涵盖科技创新、城市信息化、科学社会主义、国外社会科学等领域,既有信息研究所的传统优势学科,也有近年来新的学科增长点。我们希望以这种形式,总结并展示信息研究所40年的发展历程及最新成就。期待这套丛书能成为本所与社会各界分享研究成果的纽带,也能激励本所员工不忘初心,继续前行,为实现信息研究所的发展目标而不懈努力。

王　振(上海社会科学院副院长、信息研究所所长)

2018年6月

序

　　本书是上海社会科学院科创中心建设研究团队的系列研究成果之一。我们从2014年就开始组建团队,围绕上海建设具有全球影响力的科技创新(简称"科创")中心这一国家战略,选择总体战略与对策、人才战略、体制机制创新、创新创业生态系统等课题开展系列研究。其中,总体战略与对策研究是上海社会科学院与上海市中国工程院院士咨询与学术活动中心共同合作完成的研究报告,并于2015年正式出版。人才战略研究成果也于2015年正式出版。

　　本书是我们研究上海科创中心建设的第三部研究报告,聚焦体制机制创新问题,以激发科技创新活力为导向,围绕政府管理制度框架、科技与经济融合、国际创新合作模式、人才发展、科研院所分类改革、产学研协同创新、科技中小企业创新活力、张江国家综合性科学中心建设八大议题,坚持问题导向与对策导向,针对科创中心建设各个相关领域面临的瓶颈问题和短板问题,在借鉴国际、国内经验的基础上,给出多角度分析报告。

　　在建立符合创新规律的政府管理制度方面,基于时代背景和创新规律两方面,明晰政府在科创体系建设中的角色定位,提出科创体系组织、政策工具运用和项目管理中存在的体制机制问题,通过分析,提出完善创新生态等四点政策建议。

　　在促进科技创新与经济发展深度融合方面,通过对上海在科技创新于经济发展上的作用分析,归纳出重大基础研发能力不足、科技创新支持力较弱、集群缺乏龙头企业、科技成果转化力不强、基础性环境较差五个方面问题,分析得出存在思想观念老化、创新链阻断、资源配置服务不完善、环境建设不足四个主要原因,最后提出八点政策建议。

在推进更高层次国际创新合作的有效模式方面,回顾了上海国际创新合作现状,通过对照发达国家国际创新合作经验,发现上海在有效性和高端化两方面存在八个突出问题,最后提出加强政府作用、鼓励科技企业海外战略、深化创新开放体制、打造国际创新产业链和全球高端创新合作平台四点政策建议。

在加强人才队伍建设方面,提出上海建设具有全球影响力的科创中心,关键在人才及人才体制机制创新。调动人才的创新创造积极性,需要宽松的环境、激励的机制和有效的保障保护。只有在宽松、自主、有序的人才环境下,在崇尚自主创新、鼓励价值实现的社会氛围下,在尊重用人主体和人才个体自主选择的制度条件下,才能真正聚天下英才而用之,才能真正营造出充满活力的创新社会。所以要坚持向用人主体放权,为人才松绑的改革总基调。

深化上海科研院所体制机制分类改革部分,通过分析改革的背景和现状,提出深化科研院所分类改革的目标、内涵、思路和战略部署,针对上海四类科研院所,分别提出改革内容,最后提出深化在沪科研院所分类改革顶层设计、财政和人事三个方面的体制机制保障。

如何构建市场导向的产学研协同创新机制,是上海建设科创中心的重要任务。报告提出,当前上海产学研协同创新中存在四个方面的体制机制问题,即主体行政化、科研人员考核问题、国有企业科研经费管理问题、政府科技管理问题,选择德国产学研的成功案例,提出上海加强产学研协同创新体制机制建设四条对策建议。

激发上海中小科技企业创新活力同样面临体制机制的障碍,本书从中小科技企业科创资金投入、科创服务、创新人才、政府科技资源与信息四个方面着手分析,借鉴世界最具创新力的北欧国家芬兰的中小企业创新发展经验,对上海中小科技企业上述四个方面分别提出了八条建议。

最后一部分聚焦张江国家综合性科学中心建设,就张江如何加快推进国家全面创新改革试验的制度机制创新进行分析。报告从体制机制改革出发,提出应从保障资源供给、成果转移转化方面作出努力,通过供给侧改革的制度创新优化创新生态环境,激发创新主体活力和动力,包括"三个机制""三个待遇""三个激励",试点离岸创业、财税联动、科技金融机制、新型研发组织等方面进一步深化改革。

本书的研究分工为:序章,赵付春、王振;第一章,赵付春;第二章,刘亮;第三章,沈桂龙;第四章,王振;第五章,汤蕴懿;第六章,胡雯;第七章,顾洁;第八章,陈炜。由王振提出整体研究框架,王振、赵付春负责全书统稿工作。

本书的研究,得到上海市中国工程院院士咨询与学术活动中心(上海院士中心)的项目资助,本书的出版得到上海社会科学院信息研究所建所40周年系列学术成果资助,在此一并表示感谢。

王　振(上海社会科学院副院长、信息研究所所长)

2018年4月5日

目 录

序章　突破体制机制瓶颈，迈向全球科创中心 / 赵付春、王振 1

　　第一节　健全符合创新规律的科创中心体制机制框架 2

　　第二节　促进科技创新与经济发展深度融合的体制机制创新 7

　　第三节　推动更高层次国际创新合作的体制机制创新 10

　　第四节　建立具有国际竞争力的人才体制机制 13

　　第五节　深化上海科研院所体制机制分类改革 15

　　第六节　构建市场导向的产学研协同创新机制 18

　　第七节　聚焦上海中小科技企业活力激发的体制机制建设 20

　　第八节　发挥张江的体制机制创新实践优势 22

第一章　建立符合创新规律的政府管理制度研究 / 赵付春 27

　　第一节　时代背景和创新规律 27

　　第二节　政府角色分析 31

　　第三节　现存问题 33

　　第四节　基本现状分析 36

　　第五节　政策建议 40

第二章 促进科技创新与经济发展深度融合的有效途径研究 / 刘亮 43
第一节 现状分析 43
第二节 存在的问题及原因分析 53
第三节 对策建议 65

第三章 推进更高层次国际创新合作的有效模式及其机制研究 / 沈桂龙 75
第一节 上海国际创新合作的方式与效果 75
第二节 国际经验 84
第三节 现存主要问题 91
第四节 推进举措 101

第四章 构建具有国际竞争力的人才体制机制与政策研究 / 王振 109
第一节 上海建设科创中心面临的人才挑战与短板 109
第二节 人才体制机制创新的总体思路 113
第三节 深化人才体制机制改革与政策创新的举措 118

第五章 深化科研院所体制机制分类改革研究 / 汤蕴懿 127
第一节 研究背景 127
第二节 现状分析 128
第三节 分类改革的目标、原则、分类和定位 133
第四节 分类改革内容 136
第五节 深化体制机制保障 141

第六章 构建市场导向的产学研协同创新机制研究 / 胡雯 ... 145
第一节 上海产学研协同创新中的体制机制问题 ... 145
第二节 国外经验借鉴：德国创新网络计划 ... 152
第三节 对策建议 ... 159

第七章 激发上海中小科技企业创新活力的体制机制研究 / 顾洁 ... 165
第一节 现存问题 ... 166
第二节 上海中小科技企业创新活力缺乏、创新能力成长性不足的体制机制原因 ... 167
第三节 国际经验：芬兰的创新体系 ... 173
第四节 对策建议 ... 179

第八章 建设张江国家综合性科学中心的体制机制研究 / 陈炜 ... 185
第一节 把握机遇，创造新模式 ... 185
第二节 精耕细作，促改革措施落地 ... 187
第三节 创新机制，激发内生活力 ... 188
第四节 优化环境，打造创新创业生态链 ... 190

序章
突破体制机制瓶颈，迈向全球科创中心

2016年年初，国务院正式批准公布《上海系统推进全面创新改革试验加快建设具有全球影响力的科技创新中心方案》(国发〔2016〕23号)。方案提出，"以破除体制机制障碍为主攻方向，以长江经济带发展战略为纽带，在国际和国内创新资源、创新链和产业链、中国(上海)自由贸易试验区和上海张江国家自主创新示范区制度改革创新三个方面加强统筹结合，突出改革重点，采取新模式，系统推进全面创新改革试验，充分激发全社会创新活力和动力"。方案对体制机制改革作出了框架性部署，要求"聚焦政府管理体制不适应创新发展需要、市场导向的科技成果产业化机制不顺畅、企业为主体的科技创新投融资体制不完善、国有企事业单位创新成果收益分配和激励机制不合理、集聚国际国内一流创新人才的制度不健全等问题，重点在政府创新管理、科技成果转移转化、收益分配和股权激励、市场化投入、人才引进、开放合作等方面作出新的制度安排，着力在创新体制机制上迈出大步子，打破不合理的束缚，推动以科技创新为核心的全面创新"。

围绕上海建设全球影响力科技创新中心的体制机制改革，涉及众多方面。上海社会科学院课题组在2016年与2017年两个研究年度中，重点开展了八大专题研究，包括：(1)上海率先建立符合创新规律的政府管理制度研究；(2)促进科技创新与经济发展深度融合的有效途径及其机制研究；(3)推进更高层次国际创新合作的有效模式及其配套机制研究；(4)构建具有国际竞争力的人才体制机制与政策创新研究；(5)深化上海科研院所体制机制分类改革研究；(6)上海构建市场导向的产学研协同创新机制研究:(7)激发上海中小科技企业创新活力的体制机制研究;(8)建设张江国家综合性科学中心的体制机制创新研究。在上述专题研究基础上,形成本书,共分八个部分。

第一节　健全符合创新规律的科创中心体制机制框架

一、把握科技创新的基本规律

上海需要构建符合创新规律的体制机制,为科创中心建设提供更加强劲的动力。从创新规律看,需要把握其市场决定性、时代性和地域性三大特征。

（一）要把握创新规律的市场决定性

创新的规律有许多条,但归根到底,企业、企业家和创新创业者是最关键的创新主体,创新最终必须接受市场的检验,市场起决定性作用是创新的第一规律。科创中心不仅仅是科学中心,更应是创新技术转化和产业聚集地,不仅需要良好的科研创新环境,还需要有基于法治、鼓励竞争、保护产权的良好营商环境和开放包容环境。相比于前者的硬性基础设施投入,后者更加看重市场为主导的制度化软件建设。

（二）要把握创新规律的时代性

当前正处于前一波全球化退潮的当口,但是在互联网革命的推动下,全球合作的大趋势并未逆转,这主要是由于信息技术革命和数字经济的崛起。随着移动互联网的普及,大数据、云计算和人工智能等技术正在塑造全新的创新平台,大众参与式的、开放式社会创新已经成为一种全新的创新范式,更有利于创新的实现和推广。它们反过来影响技术创新的方向和制度的变革。在美国的技术引领和中国数字经济迅速崛起的启发下,各国纷纷投入巨资建立下一代智能型数字化基础设施,数据正在成为新的核心资源,成为推动经济的新引擎。

（三）要把握创新规律的地域性

创新具有地域性。研究发现,创新在地理上从来不是均衡分布的,产业集群现象非常明显。在第四次工业革命浪潮下,跨国公司在重新布局其全球产业链时,可以发现地域环境因素与其在未来产业链上的位置密切相关。上海已步入投资驱动向创新驱动的发展阶段,需要在高端服务业和智能制造业上保持创新领先性。上海在信息、生物、能源、装备技术方面基础良好,发展潜力巨大。当前信息技术革命正在由孕育期进入全面展开期,各类"互联网+"产业成为金融风险资本最为关注的领域,上海应把握住这一机遇,培育有利于此类产业创新集聚的竞争优势。

二、上海科创中心建设的体制机制框架

上海科创中心建设是一项瞄准国际竞争和全球影响力的国家战略。放眼世界和未来,从科技卓越、产业领先和应对全球性挑战等方面,打造可持续的海纳百川式的创新生态环境,形成全球影响力。而创造这一卓越创新体系的体制机制需要有前瞻性的思维,明确与世界一流的创新环境相适应的战略目标,建构其框架体系。

具有全球影响力科创中心的战略构架体系,可以分为三个层面:（1）创新资源层,包括与国际接轨的基础设施资源、持续提供原创性知识资源的科研资源、自我培育及有吸引力的人力资源;（2）创新行动层,包括为企业、政府和大众提供有利的创新政策环境,推动各类创新资源更加自由的流动;（3）卓越创新层,体现在卓越的科学中心、国家实验室以及领先的产业集群,充当全球新兴产业的发源地,形成海纳百川、追求卓越的海派创新文化。

物理基础设施是影响企业选址最重要的条件之一,其含义正在发生不断的变化。从科创中心所需要的基础设施来看,至少应包括三大类:（1）水电气、交通设施等传统基础设施,它们需要适应智能化社会而不断升级改

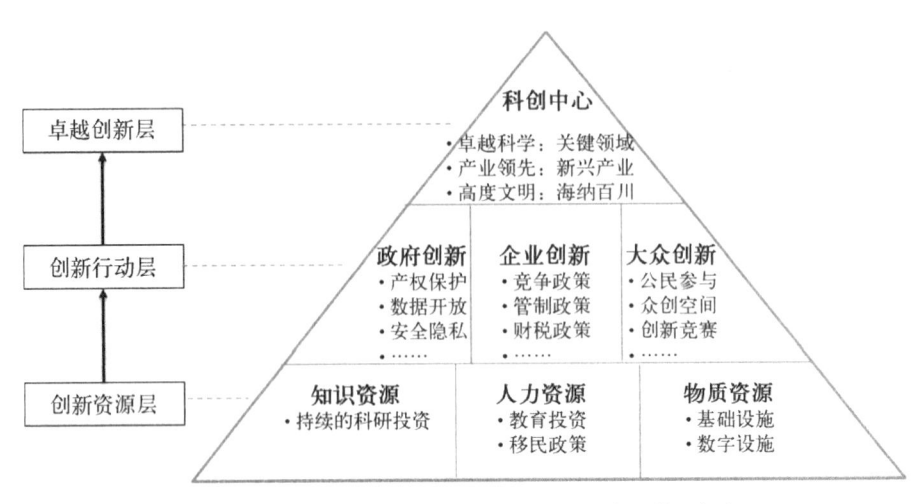

图 0-1 上海建设具有全球影响力的科创中心体系框架

造;(2)数字化基础设施,包括固定和无线宽带接入水平和普及率,加强5G、下一代互联网的铺设;(3)作为世界科学中心所需的知识基础设施,如大科学设施、世界级国家实验室等配备,要足以吸引全球顶级科学家、企业家的眼光,愿意来沪居住和创业。

（一）全球卓越科学中心的体制机制

卓越的科学中心是上海成为新技术、新产业发源地的必要条件。上海要吸引一批世界一流的科学家,首先需要加大基础研究的投入力度,缩小与世界前沿之间的差距。从目前上海基础研究投入比例看,仅有不到10%的水平,虽然在国内名列前茅,但相比于美国的18%以上,差距相当大。

在吸引一流科学家方面,上海需要大力改善科研工作环境。除了优越的物质条件,更重要的是形成科学家、教授自主管理的科研管理体制,尊重科学家们对学术自由、自我实现的追求,为其提供和配备各类一流的行政性服务,尽量将行政性事务挡在教室和实验室门外,形成政治、学术、社会之间的良好互动。

（二）科技成果快速转化的体制机制

技术的供给与需求对接并不是自动实现的,政府可以为此提供各种便利条件。从目前来看,上海的技术交易市场日益活跃,交易额不断攀升。但是很显然,相比于已经市场化的技术,上海的科研潜力并未真正发挥。要实现更大的跨越,未来的关键还是要在知识产权的界定和保护方面为科研机构松绑,让科研机构和人员的积极性得到进一步的激发。

国内已经出现了科研人员经商由于产权不清而身陷囹圄的案例。此类事件中,很多科研人员是因为有的专利技术由于无法获得融资,才亲自下海经商,最后由于科研经费与产权纠纷而被告上法庭。这很大程度是制度建设滞后所导致的,是体制约束所形成的。研究表明,美国自1982年《拜-杜法案》实施后,很好地激发了科研人员、中小企业的创业创新热情。21世纪以来上海也有了类似的《科技成果转化条例》,但是在实施过程中,由于不同法律、部门规章之间存在冲突之处,显示出法律的不协调和不完善,需要加大贯彻力度。

(三)全球影响力高科技产业集群的体制机制

高科技产业集群是具有全球影响力的科创中心的核心,是上海真正具有国际影响力的基石。它以前沿的高科技基础为核心竞争力,聚集一大批优秀的企业家、技术专家和投资家,实现科技、资本与产业的高度重合。高科技市场前景充满不确定性,但是集群的形成有助于提升人际信任、观念碰撞和产研合作,从而最大程度减少这种不确定性。因此,对上海而言,必须致力于打造对风险资本和全球企业家具有吸引力的环境。这其中,企业家的培育和吸引又是重中之重。

一些国际机构(世界银行、弗雷泽研究所等)对企业家所需要的环境进行了分析,发现最为密切的因素包括税负、产权和司法体系建设、货币供给、开展国际贸易成本以及信用、劳工和企业等方面管制等,从这几项指标来看,中国的表现差强人意。尽管它不构成一个强制标准,但是横向对比,仍然具有相当的参考价值。

企业家的职能是发现现有体制运行中存在的不足,从中发现和创造机会。这相当程度上与现行体制是相抵触的,从而需要现行体制具有较高的包容性和弹性。越是能对现有产业形成巨大变革的企业和企业家,对这种包容性的要求越高。为了降低企业和企业家的风险,政府应该不遗余力地加强法治和公信力建设,信守承诺,同时持续对制度中的不完善之处加以改进,形成与企业良好互动、共同学习进步的局面。

(四)促进各方协同创新的行政管理体制机制

从世界先进科创中心的建设经验来看,最终科创中心的建成依赖于产学研等创新主体的良性互动。政府是创新环境的营造者,需要对整个体系负责,而体制机制正是促成这一良性互动的关键。因此,政府需要将自身的定位明确为制度变革推动者和体系构建者,兼具资源供给者和创新率先采纳者的角色。

一要强化体制机制变革的组织体系。战略目标的实现需要体系组织保障。这方面,上海需要重点关注科创体系要素健全性和政策协调性。对于各类创新主体的创建和活动,要进一步减少干预,全面推广负面清单管理,营造不同创新要素开放交流的环境,使整个科创体系更加多元和丰富。在政策的纵向协调性方面,国家、市、区三级政府以及开发区政策之间必须形成互补性和配合。要加强这方面的组织领导,可通过地方立法,对不同层面的政策应予以简化和统一。

二是体制机制变革的政策工具组合。政策工具组合的选择方面,目前上海存在一些不利的倾向,如"重补贴轻制度变革""重大型国有企业轻中小民营企业""重供给端轻需求端工具"等,均需要作出必要的调整和优化。在产业一端,政府的主要政策工具组合应该以普惠性技术政策为主,减少歧视性定向补贴。对大型企业,尤其是国有企业,应当更多地引入市场激励机制,尤其要进一步放开体制约束,鼓励他们积极参与国际国内竞争,通过开放倒逼改革,以市场传递压力。政府的工作以有利于整个商业生态为基准,而不是单个的龙头企业。从这个意义上,大量创新型中小企业的出现和成长对科创中心建设意义更加重大。在科研一端,政府政策工具的重点在基础科研和产研合作的支持。应借助于声誉机制和科学家学术共同体自身的力量,支持学术自治。极其重要的是,要保障制度的持续改进。科创制度持续改进是通过对政策的预评估和反馈实现的,政府部门通过与各类创新主体之间形成畅通的对话机制,建立一套适合上海不同产业和机构科创的政策组合体系。

三是做实体制机制变革的项目管理。科创中心的落实体现在大量项目管理之中。这方面,政府承担了过多的权利和责任,同时运作透明度不高,为此需要作出重大变革。政府资助的重点应该是一些市场前景未必很好,但是社会效益好的项目。而从实际操作来看,市场化应用前景无疑是最重要的考量因素。这个问题在各国都不同程度存在。尽管有部分项目的前景可以预测,但是多数项目中不确定性因素的广泛存在,导致政府和评审专家实际上无法做到准确评判。这种情况下,最需要变革的就是资助过程的变革,使之透明性运作,避免重复资助和无效资助。还需要鼓励小企业参与政府公共研发活动,鼓励社会将政府资助的研发技术商业化。

第二节 促进科技创新与经济发展深度融合的体制机制创新

一、需要突破的瓶颈

上海建设科创中心的战略导向,就是要培育和造就创新驱动发展的强大原动力,促进科技创新与经济发展的深度融合,增强产业带动经济的持续发展。从当前的现实来看,上海在科技创新与经济发展融合上还存在一系列问题,主要表现在以下五个方面:(1)重大基础研发能力与全球科技创新中心差距明显,对重大基础产业的支撑能力有限;(2)科技创新对产业,特别是企业的支撑能力有限,导致上海具有全球甚至全国影响力的企业和企业家与上海的经济发展水平不相称;(3)产业集群中缺乏具有产业领导力和号召力的企业或企业集团;(4)科技成果转化过程中"最后一公里"的问题仍然未能解决;(5)科技创新的基础性环境问题短期内难以从根本上解决。

造成上述问题的原因,主要有以下几个方面:(1)在思想观念上,存在"五重五轻"的问题,即"重大轻小""重外企重国企轻民企""重管理轻服务""重物理空间的集聚轻系统功能的集聚"及人才评价机制上的"重学历轻能力"。(2)在科技创新链的衔接上存在体制机制上的"五个阻断",即科技创新与产业创新之间的阻断、基础创新与技术转化之间的阻断、国有大企业和外资企业服务产业链作用的阻断、创新服务中小企业领域的政策上阻断、部门支持科技创新政策之间的阻断。(3)在创新资源配置服务体系方面存在"四个不完善",即政府财税支持制度设计上的不完善、金融支持科技型中小企业发展的体系不完善、科技资源和信息的共享服务体系不完善、创新型人才的培育、评价、引进和集聚政策体系不完善。(4)在创新环境建设方面存在"四个明显不足",即科技中介服务能力上明显不足、创新文化氛围建设明显不足、知识产权的保护能力明显不足、相关法律体系建设和配套政策明显不足。

二、体制机制创新

(一)聚焦明晰科研产权,加快科研管理体制改革步伐

一要完善科研成果的产权制度。健全完善期权、技术入股、股权、分红权等多种形式激励机制,鼓励科研机构与高校科研人员大力从事职务发明创造,完善高校与科研机构知识产权转移转化的利益保障与实现机制。二要进一步突出企业的技术创新主体地位,使企业真正成为技术创新决策、研发投入、科研组织、成果转化的主体,变"要我创新"为"我要创新"。打破政府与企业之间的上下级关系模式,建立基于科技研发和创新的政企新型伙伴关系,全力支持各类企业的创新创业。三要加快政府职能转变,让市场发挥决定性作用。建立全创新链的政府创新投入管理机制,形成主要由市场决定技术创新项目和经费分配、评价机制;建立支持自主创新的政府采购规则,增加政府对首台的采购或补贴力度;形成要素价格倒逼机制,

促使企业向依靠创新竞争转变;打破行业垄断和市场分割。

(二)聚焦创业带动创新,激发民间资本创业创新活力

一要以政府效率提升弥补商务成本高企的问题。在积极推广浦东新区"证照分离"先进经验的基础上,创新政府服务管理方式,加快建设政府服务"单一窗口",提升政府办事效率。二要更大力度降低企业税费负担,尤其是中小企业所得税、个人所得税等。三是拓宽企业融资渠道,降低企业融资成本。促进私募股权和创投基金发展,扩大政府天使投资引导基金规模,鼓励商业银行对中小微企业贷款给予优惠利率。四是在调低"五险一金"费率基础上研究险费归并或精简的有效途径。

(三)聚焦"五大创新体系"建设,加快科技成果转化步伐

一是构建开放的创新合作协同体系。合力推进长三角区域重大科技创新基础设施一体化建设。积极参与国际重大科技计划,在政府间合作协议框架下实施双边或多边科技合作项目。二是构建市场需求主导的创新体系。借鉴美国模式,在科研机构的基础研发中,设置一定比例(如30%)的与产业界相结合的科研创新项目考评标准或者相关指标,从而推动科研机构与企业在创新产品研发领域的合作模式。三是构建需求主导的创新激励政策体系。制定鼓励高校、研究机构与企业加强合作推进技术攻关的支持政策,制定高校、研究机构与企业相关成果产业化分红比例,发挥共同促进技术攻关的作用。四是构建中小企业创新扶持体系。根据企业成长不同阶段,设置多个有针对性地的科技型中小企业扶持计划,提高扶持政策的精准程度和保证配套服务的及时有效。五是建立财税金融支持政策体系建设。促进科技中介组织、技术服务平台和科技金融服务体系建设。

(四)加强技术转移市场体系建设

一是进一步完善知识产权相关制度建设,增强对知识产权的保护。二是加强和推进技术交易市场建设,建立健全知识产权合理定价机制。三是积极推动各类技术服务中介机构的公司化改造。四是加大对科技成果转化复合型人才的培养和支持力度。

(五) 继续有力引进和培育全球研发总部

要着力引进全球研发总部,吸引更多的境外资本在上海投资研发。同时,通过进一步加强与国内外其他地区的跨区域、跨国的科技合作,构建多中心的国内外科技创新协同网络,通过积极参与跨国重大创新活动和国际技术交易市场建设,从功能协同、空间协同、区域协同和人文协同四个层面,构建基于国内外广大技术研发和应用的科技创新腹地,为成为全球科技创新中心奠定丰富的物质和市场基础。

(六) 高度重视创新型人才的引进和培养

一要更加重视创新型领军人才的引进与培养,尤其要重视民营高科技企业的人才引进和培养工作,突出抓住企业家、创业者和研发项目负责人三支创新领军人才队伍建设。二要变革传统教育模式,促进大学和职业院校的开放办学、市场化对接,培养出更多的应用型创新人才。三要加大对创新人才的政策支持。从科研奖励和财政税收等方面加大对科技创新人才的支持力度,同时鼓励科技人才合理有序的流动,让广大科技工作者能够根据自身的研究特长以及企业、研究机构的需求自由地流动。四要加大对海外人才来沪创新创业的支持力度。积极向国家争取实施海外人才技术移民制度试点;放宽技术绿卡发放门槛;争取公安部授权本市审批中国绿卡;修订《海外人才居住证管理办法》,赋予身份证同等效力,允许单独使用,享受相关市民待遇。

第三节 推动更高层次国际创新合作的体制机制创新

国际科技创新合作是上海形成和凸显全球影响力的重要途径。作为全球科技创新中心城市,上海理应在全国国际科技创新合作格局中发挥率先、示范、探索作用。加快科技创新发展、提高自主创新能力,应以全球视野谋划和推动创新,既需要依靠自身力量,也可通过开展广泛的国际合作,充分吸收、利用全球创新资源。

一、需要突破的瓶颈

（一）对标"有效性"存在的问题与不足

一是政府整体统筹与有效引导力度不足。二是国际科技交流合作短期性与功利性较强。如各自为政现象突出,形成内部竞争,降低城市国际合作竞争力,缺少具有影响力的大型国际科技合作平台,科研人员、创新机构参与国际重大科学工程和研究项目不多,参与期限和深入非常有限。三是跨国公司研发中心溢出效应未能完全发挥。跨国公司研发投资存在有意无意的"技术锁定"现象。本地企业技术吸收能力不强,跨国公司技术与管理人员流动性不大。四是国际前沿科技成果的国内产业化较难。

（二）对标"高端化"存在的问题与不足

一是难以引进成批高端科技人才或团队。上海以往较为"严苛"的外籍居民签证管理制度一直是海外创新人才在沪工作、驻留与创业的最大门槛。由于缺乏紧密围绕国家重点领域和项目的国际科技合作与交流的规划和计划,交流项目有较大的随意性,常常造成重复、分散、盲目。二是技术获取型ODI规模和效率有待提高。海外技术并购,以兼并代替研发。在外海直接设立研发机构,其主体单一,规模较小。三是国际科技合作地位的主导性、自主性和话语权不强。四是科技创新成果输出未成气候。

二、体制机制创新

（一）加强政府在重大科技规划上的对接

一是设立专项国际科技合作计划,加大财政资金支持。二是建立国际科技合作支撑体系和服务平台,主要包括政府层面的政策与组织支撑体系、社会层面的中介服务支撑体系与物质基础层面的国际科技合作基础条件系统三个子系统。三是建立和完善上海国际科技合作信息库。四是差别开展科技创新合作,争取领域标准制定。

(二)鼓励科技型企业实施海外战略

加强对上海企业对外投资和国际布局的引导和支持,鼓励有条件的国有企业和民营企业发挥各自优势"抱团出海",不断拓展外溢式发展新空间。建立"走出去"战略基金,创新金融支持模式。健全"走出去"战略支持服务体系,优化上海驻海外办事处网络布局,建立境外合作信息共享机制。

(三)深化创新对外开放体制机制

加强对国际贸易新规则和全球治理体系的深入研究,营造更有利于"引进来"的政策环境,创新国际化城市治理体制机制。

(四)加快推动国际科技创新产业链发展

定期在上海举办跨国技术转移大会、国际创新论坛、外交官科技通报会等高层次科技创新交流论坛。整合海外技术转移机构和国内技术中介机构,建设"国际技术转移协作网络"。建设与不同国家政府间的跨国技术转移官方机制和针对相关领域的跨国技术转移专业机制。推动形成上海企业、科研机构与外国企业、科研机构间的合作,在国内外建立一批中外联合研究院室。

(五)打造全球水平的高端技术创新合作平台

当好国家"一带一路"倡议的资金池。以自贸区为平台,建设面向世界的高级要素开放新格局。

第四节　建立具有国际竞争力的人才体制机制

上海只有以创新为基、开放为要,才能加快建成具有全球影响力的科技创新中心;只有聚焦人才大举措,着力"构建具有国际竞争力的引才用才机制""实行更积极、更开放、更有效的人才引进政策",加快建设国际人才高地,才能为建设全球科创中心奠定坚实的人才资源保障。

一、面临的人才挑战与短板

2015年以来,上海围绕建设具有全球影响力的科技创新中心这一国家战略,出台了一系列配套政策,实施了更加积极的人才体制机制改革举措。但从当前的现实了解,仍然面临比较严峻的挑战和短板制约。

其挑战主要表现为:一是"市场决定"下人才管理体制机制改革进入深水区;二是富裕后的保守思想上升抑制人才创新创业活力;三是各地创新战略同质化引发新一轮人才区域竞争。

其必须突破的短板问题有:一是民营企业家队伍成长乏力且缺少引领性人物;二是释放体制内人才创新活力体制机制障碍仍很突出;三是创业成本高且严重抑制创业人才的集聚与成长;四是支撑新兴产业发展的高级蓝领严重短缺且开发储备不足;五是严重缺少合格的风险投资家和天使投资人。

二、体制机制与政策创新

(一)继续大力引进海外高层次人才

针对当前高端人才集聚不足,高端引领有所乏力的人才短腿,必须坚持以引进为主导，以引进为发动机，以更大的开放度和政策竞争力在全球范围内物色和引进上海最急需的高端人才。一要全面落实市委市政府关于推进科创中心建设的人才新政；二要发挥"双自联动"优势推进人才特区建设；三要更好地推进"千人计划"项目；四要建立健全科学的人才评价机制及其配套政策；五要进一步完善综合配套政策和公共服务。

（二）着力推动创业人才集聚发展

要以更加开放、开明的心胸和更加贴近、扎实的关怀，打造出上海特有的"大众创业万众创新"形象和人文，吸引海内外人才到上海创业，鼓励和支持各类科技人才和大学生投身于创业活动。一要更好发挥户籍政策在引进创业人才中的吸引作用；二要着力为创业人才提供廉价安居条件；三要进一步提升创业孵化器承载和服务水平；四要切实解决好创业融资难融资贵问题；五要积极组织实施创业培训工程。

（三）充分调动科技人才的创新创业积极性

以创新驱动发展为导向，全面深化科技体制改革，鼓励更多的科技人才投身于创新创业事业。激励政策有的针对科技成果转化，有的针对科技研发，其中需要创新突破的主要有三类激励政策：一要深化人事制度改革，促进科技人才向创新创业一线流动；二要深化分配制度改革，充分激发科技人才创新创业活力；三要深化协同创新机制改革，促进科技人才的产学研合作与交流。

（四）大力引进培养重点领域的紧缺急需人才

围绕上海"十三五"经济社会发展的重点领域，以紧缺急需人才为重点对象，推出更加积极的引进政策，构建更具市场化导向的培养体系，更好地解决重点领域人才需求中的紧缺瓶颈。一要大力引进培养现代服务业领域的紧缺急需人才；二要着力引进培养先进制造业领域的紧缺急需人才；三要积极引进培养社会事业领域的紧缺急需人才。

（五）创新人才工作管理体制机制

坚持党管人才原则，以全面深化人才管理体制机制改革为抓手，着力构建适应开放型经济和创新型经济发展需要,适应现代化国际大都市建设和管理需要的人才工作新体制新机制。要切实提高人才发展规划科学化水平,加快转变人才工作管理方式。

第五节 深化上海科研院所体制机制分类改革

科研院所是上海建设全球科技创新的重要力量。然而,无论是事业单位的改革和企业化科研院所改制,都还存在着"研发服务组织体系不完备""科研机构研发服务供给机制不完善""科研机构研发服务绩效评估不健全"等问题。如何通过深化体制机制改革激发上海科研院所的创新活力,是上海推进科技创新中心的重要任务之一。

一、需要突破的瓶颈

(一)产业技术研发服务体系存在主体功能缺失和基础研发功能不足

高校、中科院等以从事基础研究为主的机构在国家政策的引导下虽有向应用研究拓展的趋势,且取得了一定成绩,但总体上,囿于本身的功能定位和价值追求,还难以完全担负起产业技术研发和服务的重任,且主要在个别领域,面向部分大型企业(集团)提供技术研发服务。部分行业内龙头企业虽有将研发活动向产业技术领域延伸的趋势,但囿于我国企业的发展阶段,由企业担负起产业技术研发和服务的重任还为时尚早,尤其是在战略性新兴产业领域,还缺乏有能力开展产业技术研发的龙头企业。同时,由于转制院所中的大部分归属于"国资委",国资考核体系无法提供转制科研院所开展产业技术研发的动力机制。

（二）科研院所缺乏有效的整合、协同创新机制

目前，上海产业技术研发体系虽集中了政府、龙头企业、科研院所和高校，但采取的是单一的项目支持方式，其优点是进行公开招标、公平竞争，具有明确的技术研发任务，便于考核和管理，但缺点是，产业技术研发具有的基础性、前瞻性、长周期、高风险等特点可能与竞争性项目管理中的短期性、目标明确性等特点存在矛盾。与企业相比，产业技术研发机构更需要稳定的、持续性的资助，使这些机构内部能形成较为长期的发展战略，并根据战略合理配置组织资源和阶段性研发重点，在充分参与市场竞争的同时，拉长机构在产业技术研发中的产业链，致力于竞争前技术的研发。同时，单一的项目竞争机制容易使各主体形成恶性竞争，而不同层次产业技术间的整合也没有系统设计，导致系统中各供给主体各自为政，无法形成合力。

（三）新型研发机构所需的政策法规环境有待建立

到目前为止，国家层面还没有专门支持从事新型研发机构发展的法律和政策，产业技术研发与服务的组织形式突破和创新还存在难点。企业的逐利性与产业技术研发服务的公益性、公共性存在冲突。民办非企业单位虽是公益性的，但其社会地位相对较低，难以获得政府稳定而持续的支持，也难以引进并留住最优秀的人才。

（四）科研机构研发与服务创新的产出和扩散效率不高

总体上规模不大，服务能力有限，尤其缺乏中介服务体系。研发服务平台自身持续发展能力不强，再投入的能力有限，在科技成果转化中的服务模式有待改善。

二、体制机制分类创新

深化科研院所分类改革，推进现代院所制度建设。把明确院所的功能和定位作为试点的首要要求，把完善院所运行管理机制作为试点的主要任务，引导科研机构聚焦创新方向、打造人才队伍，并在体制机制上先行先试，

大胆探索,以点带面,形成突破。

(一)本市事业型科研院所

强化公益服务属性;完善运行管理体制,逐步取消行政级别,探索建立理事会、董事会、管委会等多种形式的治理结构;深化人事和分配制度改革,鼓励科研、企业、政府人员相互挂职,实现人才"柔性旋转门",健全与高端科研院所相适应的薪酬制度和职务职称体系,在基础研究类项目中探索放开用于人员的经费比例限制;完善财政支持方式,简化科研项目经费预算编制,改进科研项目结余资金管理;创新绩效评价机制,形成决策部门、社会用户、学术同行和本单位相结合的评价指标体系。

(二)中央在沪科研院所

建立高层合作机制,加强需求和能力对接。借鉴中科院和上海的院地合作模式,与央企达成主要目标为科技创新和战略产业发展的合作框架。建立和完善中央在沪研究机构与上海市各有关部门的协作创新平台。围绕重大项目或战略产业,形成政策服务的组合拳。梳理各项政策效果,支持中央在沪研究机构的发展需求。关注中央在沪研究机构的体制改革,加深它们与上海地方科技和经济的关联互动。

(三)企业转制科研院所

对已经转企的科研院所,在继续保持转制科研院所改革市场化和运行企业化的前提下,从局部或者整体上对其承担的社会公共职能给予支持。探索非营利性科研院所法人治理结构,可整建制地转为"新型科研院所",实施章程式管理。鼓励转制科研院所发挥技术溢出效应,积极创办专业孵化器。

(四)新型研发组织和平台

开展新型研发机构建设的试点工作,发挥试点机构示范带动作用。对符合科技创新前沿领域并由科学家背景的企业家领衔组建的新型科研机构,应予以重点支持。对一些处于初创期的新型研发组织,应进行普惠式资助,并在税收上予以优惠。

第六节　构建市场导向的产学研协同创新机制

随着创新驱动发展战略的全面实施以及深化科技体制改革最新举措的发布,产学研协同创新作为有利于提升企业创新能力、促进创新链和产业链有机衔接、推动产业结构调整的重要举措,具有重要的研究价值和实践意义。上海重点高校资源丰富,在产学研协同创新方面具有显著优势。然而,上海在建设具有全球影响力的科技创新中心的过程中仍存在不少阻碍产学研协同创新的体制机制问题。

一、需要突破的瓶颈

（一）学研主体体制难以适应市场化需求

学研创新主体是上海建设具有全球影响力的科技创新中心的重要力量,也是当前产学研协同创新中的重要组成部分。自科创中心目标提出以来,上海科研院所和高等院校开展了深入的体制机制改革,在构建市场导向的产学研协同创新机制方面取得了一定成果。然而,学研创新主体的行政化特征依旧明显,降低了学术研究和科技创新的自由度,同时又缺乏市场化运营的中介机构,在一定程度上阻碍了上海科创事业发展。

（二）科研人员管理机制与创新需求对接不畅

高校和科研院所的科研人员考核制度仍以论文和专利产出为主要指标,高校和科研院所科研人员在科技成果转移转化的原生动力上具有先天不足。为了规避科研人员考核机制本身与科技成果向经济收益转化过程中的鸿沟,上海在鼓励离岗创业和兼职创业方面出台了相关政策,但在实际工作中,通过离岗创业或兼职创业形式参与科技成果转化的案例较少,离岗创业的体制机制还有待理顺。此外,上海科技中介人才数量极度匮乏,处境也较为尴尬。

（三）国有企业经费管理不利于创新活力激发

现有国有资产管理体系下,国有企业科研经费的管理机制缺乏灵活性,制约了国有企业创新活力的激发。

（四）政府科技管理缺乏长效激励机制

上海政府产学研合作激励机制多以项目合作(合同)为抓手,进行直接资助,缺乏对长期合作项目的滚动式激励机制,也缺乏间接资助等多元化的资助手段,使产学研合作停留在项目合作阶段,阻碍了产学研协同创新网络的产生。此外,现有各产学研合作资助项目的实施细则普遍缺乏对产学研合作效果的有效评价。

二、体制机制创新

为此,笔者借鉴德国创新网络计划的成功经验,为上海市构建市场导向的产学研协同创新机制提供以下对策建议。

（一）加快学研创新主体体制机制改革进程

积极开展新型研发机构的组织和试点,降低高校在科技成果转化过程中的行政风险,培育市场化运营的科技中介机构。

（二）对接创新需求与科研人员考核制度

在深化事业单位人事制度改革的过程中调动各类人员的创新创业积极性,实现人员无障碍流动、薪酬市场接轨、创新权益充分保障。

（三）建立市场化的国有企业经费管理办法

应考虑适当下放企业在处置财政科研经费方面的自主权,同时建立完备的科研项目绩效考核体系,采用项目制的管理方法,鼓励企业用好财政科研经费,激发企业科技创新活力。

（四）优化政府产学研协同创新激励机制

在现有激励机制的基础上增加长期性资助和间接性资助方式的比例。此外,还应建立有效的产学研合作效果评价机制。

第七节 聚焦上海中小科技企业活力激发的体制机制建设

中小科技企业是中国创新的中坚力量,创造了全国65%的专利与80%的新产品。在上海建设具有全球影响力的科技创新中心的进程中,如何激发中小科技型企业创新活力,充分发挥中小科技型企业在科技研发、成果应用和科技服务中的关键作用,是政府优化体制机制、实施"以创新驱动发展"战略转型过程中需要考虑的核心问题。

一、需要突破的瓶颈

（一）外部融资不畅,政府投入效率不足

中小科技企业由于自身营收限制,研发创新资金投入较大程度依靠政府与社会资本投入。尽管上海市政府高度重视对中小科技企业的科技创新资金投入和创新培育,但目前科技创新资金投入仍然存在外部融资渠道不畅通、政府直接投入效率不足等问题,致使上海中小企业仍然面临较大的外源性创新融资约束,阻碍了中小科技企业创新事业的发展。

（二）科创服务碎片化,参与产学研协作仍存障碍

政府对众创空间建设的事前空间布局与功能规划不到位、上海科技服务相关法律和准入机制不完善等原因,造成科技服务主体建设碎片化、同质

化问题严重,科技服务市场混乱。此外,由于缺乏体制机制的切实保障,中小科技企业参与产学研创新网络仍然障碍重重。

(三)人才体系不完善,配套服务未落实

目前,国内人才引进政策与相关职称评定方面主要面向高校与事业单位的科研人才,对中小企业中的工程师、科技中介服务人才、金融行业中小企业专业的风险评估人才等的评价标准和管理体系不完善。同时,面向中小型科技企业的人才综合配套服务平台还未完全搭建,人才公寓供不应求,户籍政策对创新人才子女教育产生约束。

(四)服务供需对接不畅,政府科创部门协同不足

尽管上海市政府和相关部门提供了推进中小科技企业创新的一揽子服务,但政府科技政策和资源供给与中小企业存在对接不畅,在短期内对中小科技企业的拉动作用不明显,科技资源与信息服务纵横协同度不足的问题也尚未解决。

二、体制机制创新

围绕创新资金、创新服务、创新人才、政府科技资源与信息服务四个方面,上海市政府及有关部门应采取积极举措,激发中小型科技企业的创新活力。

(一)加强创新资金供给侧改革

加强政府创新资金投入的供给侧改革,形成政府引导、市场主导的资金有效供给模式,发挥好政府补贴的创新激励作用。政府应建立中小科技企业创新信息共享发布平台,在保护企业核心技术的基础上,向市场融资机构提供关于企业创新能力和科技信用的信息。设立大型政策性融资担保机制,以互联网金融为基础构建完善的科技信贷、创业信贷、科技保险和融资租赁等科技金融服务体系。完善面向中小科技企业政府研发投入的"事前—事中—事后"的筛选、监管、评估体系,提升政府研发投入的精准性。

（二）促进科技创新服务主体协同发展

加快完善科技服务的法律法规和科技服务主体准入机制，加强对市众创空间、科技孵化器等中介主体的规划和管理。重点布局科技创新服务公共平台布局，以信息集聚带动服务集聚，促进科技创新服务集群化发展与主体间协同效应。推进创新网络建设，促进中小科技企业参与产学研创新网络合作，加快建立面向中小科技企业的创新网络体制保障，引导科技服务机构、大中型企业更好地带动和服务中小企业的技术创新。

（三）完善人才综合服务体系

围绕中小科技企业创新链全过程人才进行分类引进和专业培养，针对人才的创新产出特性，设立针对性的评价机制，进一步落实完善人才综合服务机制，在财政补助、落户、社保、税收等方面给予中小科技企业倾斜性政策扶持。

（四）提升政府服务精准度与有效性

应加快政府信息开放共享进程对企业创新的助力，对不同行业、不同领域的中小企业实施集中决策、分类管理，加强政府资源投入与信息服务的精准度与有效性。设立为中小企业服务的一站式服务机构，以中小科技企业需求为导向，强化发改、科技、教育、工商、税务等各个政府部门间的纵横协同。提供一门式服务窗口和信息平台，对不同产业、不同领域中小企业提供分类咨询服务，帮助中小科技企业解决科技成果转移转化过程中的疑难问题。

第八节　发挥张江的体制机制创新实践优势

张江拥有国家自主创新示范区和自由贸易实验区的双轮驱动优势。要放大张江优势、张江效应，形成更多可复制制度创新和改革经验，同时以更加有力的体制机制创新加快张江国家综合性科学中心建设。

一、构建"四个联动"机制，推进张江科学城建设

一是在科创中心建设动力上的"三区联动"，即自贸试验区、自主创新示范区和国家全面创新改革试验区联动发展的新格局。二是在创新主体上的"三家联动"，即科学家、企业家、投资家的科技创新、模式创新、转化创新联动。三是协同创新上的"三队联动"，就是大设施和大平台的创新国家队、跨国研发中心和研发总部的国际队、民营企业研究院和研发中心的本土队，三支队伍协同创新，共同构造中国自主创新最前沿。四是产业集群上的"四业联动"，即以科技创新引领的生物医药产业、集成电路产业、高端装备产业（航空航天、新能源汽车、智能制造研发和设备等）以及以模式创新及大数据、云计算、互联网为依托的平台服务产业。

二、以机制创新助推张江综合性国家科学中心建设

（一）以灵活的机制建设世界一流重大科技基础设施集群，体现集中度和显示度

正在推进的有上海光源二期、软X射线自由电子激光用户装置、活细胞结构与功能成像等线站工程、超强超短激光实验室装置等"1+3"大科学设施项目，其目前的建设机制还是以体制内立项和运营管理为主，建设经费来源比较单一，后续更新跟不上，管理运营机制不够灵活，与微观创新和微观经济对接还有很大需求和空间。应借鉴美国国家实验室的经验，建立多元化投资建设和认定大设施的机制，支持大科学设施的研发服务功能以企业形式和市场机制进行承包运营管理，以稳定专业队伍，体现设施、成果、数据和技术服务的开放共享，提高使用效率，支持企业为主体的研发创新。

（二）张江核心区要整合供给高端资源，重点体现对人才发展的支持和配套服务

除了提供硬件建设的土地空间和生活设施配套之外，还要在人才配套政策和创新机制上积极作为。目前的痛点是由于内部机制原因，有些事业编制的大设施的人才团队留不住，特别是青年"千人"等年轻人才后继乏人。建议市区联手支持建立专门的公益性质创新人才基金会，给予领军人才团队创新和安居的资金支持，张江基金对大科学设施的支持要从项目补贴转为对人才团队提供的共享服务补贴，同时帮助落实浦东新区的人才政策，为人才团队特别是青年领军人才解决居住、子女入学等问题。

（三）支持国家创新平台的成果转移转化

要建立政产学研结合的科创成果转移转化机制，把国家级创新团队的科技优势、人才优势转化为产业优势和经济优势。科学家不擅长操作商业化、市场化的转移转化，因此影响到张江国家队创新成果的就地转移转化，建议建立张江国家科学中心专门的技术转移转化公共服务平台和可转化可运用成果的数据库。

三、优化创新生态环境，激发创新主体活力和动力

（一）以落实"三个机制""三个待遇""三个激励"深化创新人才发展机制

落实创新人才发展"三个机制"，即向用人主体放权的人才评价机制、为人才松绑的人才自由流动机制、让人才创新创造活力充分迸发的人才激励机制。落实海外高层次人才和青年领军人才的"三个待遇"，即以绿卡（永久居留权）进一步落实外籍海外高层次人才的国民待遇、以户口进一步体现外籍人才的市民待遇、以薪酬进一步体现体制内科创人才的市场待遇。落实体制内创新服务平台人才的"三个激励"，即创新平台人才可以在企业兼职兼薪和拥有股权，张江专项资金对创新平台的支持政策，主要用

于平台团队为企业创新提供的共享服务劳务支出,事业单位承办创新平台的,其市场化服务收入可主要用于人才团队分配。

(二)以试点离岸创业深化创新创业配套机制

目前的障碍主要在离岸创业人才的外籍身份上,由此而在办理企业和业务经营上受到很多非国民待遇的限制。浦东要率先在张江核心区试点落实中央和国务院关于创新驱动的若干意见,"对持有外国人永久居留证的外籍高层次人才在创办科技型企业等创新活动方面,给予中国籍公民同等待遇",以此作为离岸创业配套政策先行先试的突破口。一是出资方式与中国籍公民同等待遇,二是市场准入以同等待遇为前提扩大开放,三是在注册企业和经营活动中全面落实国民待遇。

(三)以财税联动优化普惠税制

这包括研发费用抵扣、高新技术企业认定改革,也包括对研发型小微企业、天使投资和新模式平台企业实行财税优惠等,建议把需求和建议方案向国家和市主动汇报。同时,建议新区财政研究如何加大对创新创业的财政支持力度,在张江核心区先行实施。

(四)以天使投资、投贷联动和股权交易引导科技金融机制

在种子基金上不采取国资管理,而以财政资金管理机制和"成本+利息"退出进行运作。支持以银行为主体或以创业投资机构为主体实施"投贷联动"。支持企业挂牌科创板,给予有关托管费用的补贴,加大发挥张江股权托管交易中心的加速器作用。

(五)支持新型研发组织发挥功能

支持事业型研发组织改制,在存量资产处置上采取成本退出机制;支持民办非企业法人的技术研究院和新型智库发挥公共服务的创新功能和智库功能,给予部分经费的补贴;支持科研平台和行业领军企业共建产业研究院,允许科研人员在企业兼职和持有股份;支持跨国研发中心拓展发挥创新运营中心功能,从成本中心转向利润中心,在经营范围调整和财税政策上给予支持。

第一章
建立符合创新规律的政府管理制度研究

政府科创管理制度是科创体系健康运作的重要推动力量之一。创新是市场起决定性作用的关键领域，同时也是政府更好地发挥其作用的领域。政府的作用是否恰当，与其是否符合创新规律相关联。创新所要解决的问题不仅是经济效益的提升，还包括实现一定的社会效益，如公共事业、食品安全、环境和生态的改善、老龄化问题、贫富分化和数字鸿沟等，都构成创新体系的一部分，这些都是政府的重要职责。

本章围绕政府在科创中心建设中如何发挥积极作用，基于创新规律，提出政府在科创体系中四个恰当的角色，探讨上海现存的若干体制机制问题。

第一节 时代背景和创新规律

从科技创新生态体系角度看，政府和市场之间应该形成一种互补关系，共同推进科创体系的良性运行，不断提升生产率，改善经济和社会两方面的效益，最终提升国家和区域竞争力。这构成本课题的基本理论框架和脉络。

笔者认为，创新规律具有时代性和地域性，而当前最重要的时代特征就是信息技术革命和数字经济的崛起，除此之外还呈现以下突出的

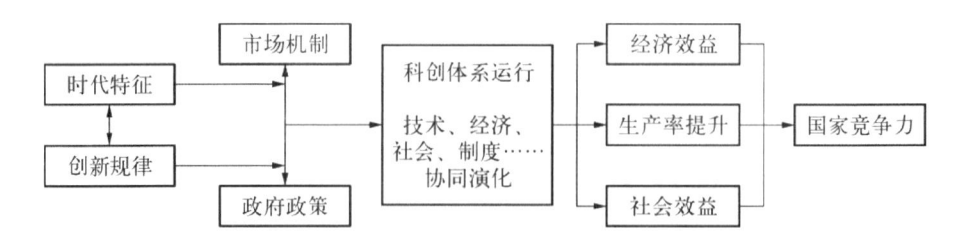

图 1-1 基本理论框架和脉络

资料来源：作者编制。

特点。

一是全球化竞争升级。全球产业链、贸易的发展，人才、资本、数据等在全球范围流动，资源实现的全球配置，国家间人才和资源竞争加剧。伴随着经济全球化，本土化趋势也日益明显。一方面，拜跨境电商崛起之赐，各国产业越来越融入全球价值链之中，创新日益全球化，企业需要有全球竞争力；另一方面，本土产业集群的地位也日趋重要，很多区域持续成为全球价值链的顶端和创新热点。[1]

二是知识经济主导。产业升级的一个重要表现是产业发展的知识含量日益提升，各国普遍认同创新驱动发展，很多国家都制订了科技创新战略，将基础研究、教育、吸引高素质移民等作为创新的基本政策工具[2]，研究型人才和知识资本重要性突显。

三是数字经济快速发展。随着移动互联网的普及，大数据、云计算和人工智能等技术正在塑造全新的创新平台，大众参与式的社会创新已经成为一种全新的创新范式，更有利于创新的实现和推广。它们反过来影响技术创新的方向和制度的变革。在美国的引领和中国数字经济迅速崛起的启发下，各国纷纷投入巨资建立下一代智能型、数字化基础设施。数据正在成为新的核心资源，成为推动经济的新引擎[3]。

---

[1] Cornell University, INSEAD, and WIPO (2017). *The Global Innovation Index 2017: Innovation Feeding the World*[R]. Ithaca, Fontainebleau, and Geneva.
[2] Andrea Renda. Regulation and R&I Policies: Comparing Europe and the USA[R]. EUROPEAN COMMISSION, June, 2016.
[3] OECD (2015). *OECD Digital Economy Outlook 2015*[R]. OECD Publishing, Paris.

四是社会问题日趋复杂。老龄化、健康、环境、生态危机等可持续发展问题突出,迫切需要广泛的公私合作、学科合作,得益于大数据、人工智能的崛起,开放性科学日益成为一种新的研究范式。[①]在很多国家,还面临贫富差距、社会公平等严重的社会问题,需要多学科协同创新。

在这一时代背景下,结合上海当前的发展,本课题组归纳出特别需要关注创新的以下规律或特性。

一是关注创新的内生性。上海已经步入投资驱动向创新驱动的发展阶段,需要迅速摆脱对投资,尤其是对政府投资和补贴的依赖。对于企业来说,需要依靠市场竞争压力的传递,不创新意味着死亡和存在意义的丧失。只有竞争才能激发企业内在的创新动力。对科研机构而言,依靠研究主体对追求世界或国内一流的使命感和目标引领,个体科研人员追求个人价值自我实现的动力,促进其与企业合作的积极性,使技术成果实现其价值。创新的外在激励作用是间接的,需要通过内在动力起作用。

二是关注创新的集聚性。从全球来看,创新活动不是地域随机分布的。经济形态越是知识密集型占主导,地理上越是聚集,地理空间的邻近性越有利于形成创新的诸多要素。全球存在一些大的科创中心,如美国硅谷、德国拜登-符腾堡、以色列特拉维夫、新加坡等,创新在空间集聚的趋势越来越明显。

大数据、人工智能等技术已经成为新一轮创新的主要驱动力,信息技术革命正在由爆发期逐步转向全面展开期,从互联网产业到相关产业是金融风险资本最为关注的领域,推动技术创新大量涌现。上海应把握住这一机遇,培育有利于此类创新集聚的环境。

三是关注创新的体系性。线性的创新理论已经为理论界所抛弃,创新体系理论正越来越为人们所接受。上海作为全球城市重要节点,已经吸引了大量创新资源,包括大量跨国公司的研发总部。当前的关键在于完善现

---

① OECD (2016). *OECD Science, Technology and Innovation Outlook 2016*[R]. OECD Publishing, Paris.

有创新体系,弥补其不足。这不仅需要技术创新,而且需要经济和社会体制的创新,以优化创新资源的配置来推动创新的扩散。科技创新也不限于科学技术的发明、发现,还必须包括科技产品的生产设计、营销推广和社会应用过程。这一过程中需要不同角色的参与和合作,包括科学家、工程师、设计师、投资人、企业家、不同企业和用户等。为此,上海需要深入研究这一体系的框架式条件。

四是关注创新投入的效能性。创新是一个创造性破坏过程,因此推动创新是有代价的,需要有成本—效率意识,其收益必须大于成本。上海科创公共投入占比(3.78%)已经超过多数发达国家水平,当然在国内仍然排在北京和深圳之后。当前的关键在于要发挥这类资金的杠杆作用,是否能带动企业更多地投入研发。政府应当更加关注不同科创政策的互补性和协调性,提升创新资源的效率和效能。

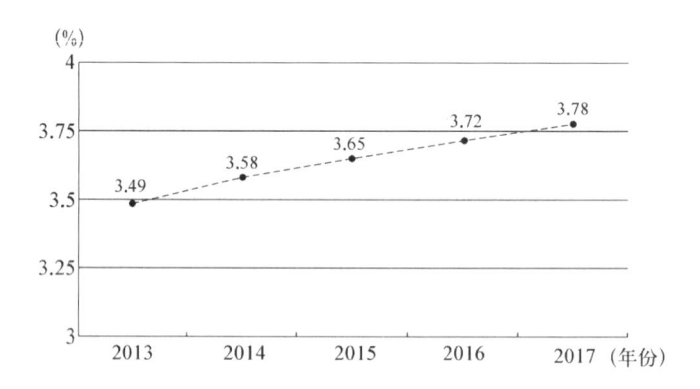

图 1-2　2013—2017 年 R&D 经费支出占上海市 GDP 的比例
资料来源:2017 年上海市国民经济和社会发展统计公报。

创新的规律有千条,但归根到底,最核心的一条是接受市场的检验。不能接受市场检验的创新都是伪创新。目前,很多人把创新狭隘地理解为所谓高科技行业、战略性新兴产业所开展的技术研发创新,但是从实践中,我们看到各行业都存在管理、商业模式、设计等各类创新,这些创新同样具有颠覆性,对社会的影响更为深远。这样的例子很多,如苹果(智能手机)、阿里巴巴(商业贸易)、腾讯(社交)并不具有技术上的原创性,而是新的商业模式和新行业的开拓。这些创新之所以为人所瞩目,正是市场检验出来的。

第二节 政府角色分析

有关政府在科创体系中的角色,不同国别有着多样化的实践。作为全球科技发展水平最高的美国,其政府对科创的推动作用相当突出。白宫国家经济理事会和科技政策办公室于2015年10月发布了《美国创新战略》报告。[1]这一战略认可联邦政府在创新基础投资、激发私营部门的创新动力、赋权全国创新者方面的重要作用,同时认为制订正确的政策和营造良好管制环境对于刺激私营部门投资至关重要。这一报告提到的创新基础包括四个方面:保持世界领先的基础研究投入、提升高素质的STEM教育机会、为创新型人才移民清除障碍、建设21世纪的物理基础设施和下一代数字化基础设施。

经合组织(OECD)是创新体系领域的主倡者,它认为在一个创新体系中,政府最重要的作用是提供框架式条件(Framework Condition)。这是一个具有相当弹性的概念。例如,OECD在2008年对中国国家创新体系的建议主要包括公司治理、研发融资、技术创业行为、知识产权等方面的内容。[2]而从后来的各类报告看,它实际上包括了对创新有利的多个方面,包括宏观环境稳定、加强创新驱动的竞争、促进合作研究、教育和培训政策、管制变革政策、减少行政负担和制度刚性、金融和财政政策使资本流向中小企业。此外,还包括劳动力市场政策应便利人员的流动,促进隐性知识流动,有利

---

[1] National Economic Council and Office of Science and Technology Policy. A STRATEGY FOR AMERICAN INNOVATION [R]. The white house, Washington, 2015.
[2] OECD. Reviews of Innovation Policy: China [R]. OECD publishing, Paris, 2008.

于信息传播的信息通信政策,加快电子化网络发展,通过国外投资和贸易政策促进技术在全球范围扩散,通过区域政策改进不同层面政府计划的互补性等。

各国政府认识到,由于创新的观念需要在市场上试错,实际上是一场社会实验。这种社会实验对整体创新氛围的形成有着显著意义,因此值得鼓励。但是,具体哪一项创新能够成功,无法事先预测。创新政策只是尽可能便利许多有希望"命中目标"的创新项目能够产生,相互竞争,接受市场的选择。通过制定适当的框架条件确保政府监管制度不仅能保障重要的优先事项,还能尽量减少那些向市场输出想法的创新者面临的障碍和摩擦。

上海政府在以建设具有全球影响力的科创中心为愿景的引领下,主要角色是作为科创体系的制度框架提供和建设者,对整个创新生态系统的健康运行负责。其战略目标从短期到长期,应包括短期的激励创新和效率改进、中期的产业升级和长期的社会效益、最终提升上海全球竞争力和影响力。而要实现这些目标,需要具体从科创体系组织、政策工具和项目管理三个方面,改变当前不尽合理的体制机制,突破体制机制约束和瓶颈,为市场、为创新留出空间。

结合上海的实际,本课题将政府在创新方面的职能归纳为资助科研活

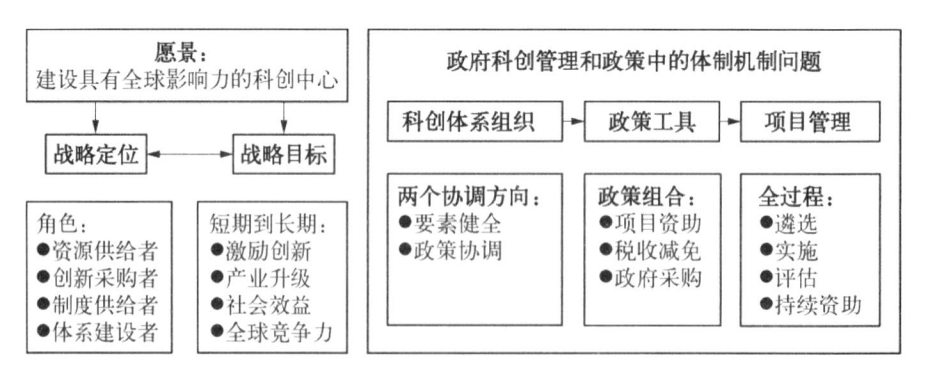

图1-3 本章分析框架和关注点

资料来源:作者编制。

动、应对民生需求、市场监管、法治环境形成等方面,具体体现为四种角色。

一是创新资源供给者。即政府通过所控制的资源重新加以分配,以利于创新,包括:(1)直接提供者,如土地、财政预算、水电煤、通信、教育等基础设施。(2)间接提供者,体现在各类研发经费投入补贴、税收优惠、创新资本的可获得性。

二是创新产品采购者。政府是创新产品的重要采购者,可以创造创新需求,其产业导向和规划会改变对企业创新的激励。

三是创新制度供给者。一方面,竞争是创新的重要来源,因此创新制度的根本是推动竞争,不断完善竞争的规则。另一方面,政府常常会管制各类创新资源的流动,如人才、资金、物资和知识产权保护,对部分创新产品的市场准入,它能够影响创新的实现和扩散速度。对科技转化平台的资助与社会管治和干预度影响着创新的转化能力和效率。

四是创新体系建设者。政府要对整个创新生态体系的健康运行负责,协调各方面的利益和矛盾,平衡不同方面的诉求,允许各类创新主体遵循自身规律运作。

第三节 现存问题

一、科创体系组织方面的问题

科创体系组织方面,重点关注科创体系要素的健全和政策协调性两个方面的问题,存在的主要体制机制问题如下。

一是对部分产业的企业审批偏严和创业门槛过高,不利于创新要素的发育和壮大。对于各类创新主体的创建和活动,政府需要进一步减少干预,推广负面清单管理,使整个科创体系更加多元和丰富。目前,从各方面反映来看,上海的房租、创业成本、融资成本等各类商务成本过高,限制了部分创新元素的萌生和形成。产业的升级步伐明显没有跟上各类成本攀升的速度。

二是政策的横向协调性不足，不同科创子系统之间，科技与产业、教育、人事等政府主管部门之间的互相协调和匹配不佳。具体体现在对上海支柱产业所需要的各类人才和公共研究设施需求缺乏深入的分析，导致人才培育和研究设施重大装备方面的不匹配。创新人才的培育和输出是教育部门的工作，而科研机构和企业往往反映毕业生不能较好地满足其需求，有些单位甚至不愿意招国内的应届毕业生。上海对国际顶尖人才或团队的吸引仍未能取得突破，这无疑将对上海的全球科创中心地位有负面影响。

此外，一些企业对政府的公共数据非常感兴趣，尤其像医疗数据、机器人、人工智能等新型领域的公司。事实上，还有其他如教育、交通、地理等方面的企业，政府公共数据的开放对企业创新将产生巨大的推动作用。但这项工作需要政府部门的统一协调，在保障数据安全的同时，最大程度发挥其价值。而目前缺乏相应规范，工作推进有待加强。

三是政策的纵向协调性值得关注，市、区两级政府以及开发区政策之间的互补性和配合待加强。在移动互联网时代，扁平化组织、自发性组织更具适应性。这种纵向的不协调性具体体现在张江科学城的建设中。这一区域由于承载了多重国家使命和任务，不同层次政策和主管部门的政策交织在一起，缺乏一致性和协调性，同时园区主管架构不清晰，存在多头管理和协调困难的问题。这种情况如不尽快改善，将影响科学城的有序发展以及园区管理和服务质量。

四是上海的支柱产业，如集成电路、重大装备、生物医药，都深深嵌入在全球价值链之中，其科技创新全球化程度非常高。如果要进一步提升其产业能级，在知识产权保护方面需要更加严格对照和遵循国际标准。良好的知识产权保护环境不仅能够吸引外资公司进入，同时能够让其将上海作为全球或区域研发中心，提升国际影响力。

二、政策工具运用方面的问题

一是强调补贴政策的使用,而不重视制度的松绑和变革。近年来,上海对于世界各国科创政策进行了广泛借鉴,但是这些政策多数为补贴政策,对其背后的制度约束触及不深。对多数企业来说,其实关键不在于补贴与否,而是体制松绑的问题。

同时,从目前的研究结论看,如果管理不当,公共补助与私人投资之间、不同公共政策之间存在一定的相互排斥性,而上海当前对此并没有引起足够的重视,仍然依赖于加大政策补助力度。有些企业项目可能通过间接的方式可能更好,而不是直接补贴。在调研中也发现,国有企业创新动力不足常常不是因为缺乏资金,只是由于动力不足,不应该仅仅采用补助的方式。目前的政策对此并不加以区分,很多补贴也没有起到带动企业更多的研发投入的作用。

二是科创需求端政策工具使用方面用得不多。在国际上,比较通行的是通过政府公共采购来促进企业的创新政策,在中国还用得不多,执行力度不够。这方面的体制机制约束在于采购制度的不完善、不透明,导致其应用难度较大。在新药采购、大型科研设备采购等方面,目前的政府公共采购制度规定相对笼统,需要进一步健全和改革。

三是科研补贴的倾向性值得关注。从目前可获得的资料看,政府的补贴很大一部分是流向国有大型的企业,对广大的中小科技型企业来说,能获得补贴的机会相对较小,比率偏低。不同规模的企业之间需要更加平衡。

三、科创项目管理方面的问题

一是各类资助项目评审需要更加兼顾公平性。这主要体现在对相关专业领域的评审需要提升专业性,要请相关专业领域的专家评审。由于专业的差异,有些项目评审专家并不能完全胜任其他专业领域的评审,对于一些专业技术项目的商业前景也难以作出有效评估,因此需要对项目评审机制作出改进。同时,对于国有、民营企业之间,大型与中小企业之间,以及一些商业前景未必好却社会效益较好的项目,现有评审机制如何作出平衡,如何保证公平性等,缺乏信息的披露,整个评审过程仍然不够透明。这造成了一些民营中小科技企业对政府资助项目的不关心。

二是科研经费管理方面仍然存在过于繁琐、管理过细过严的问题。上海于2016年初已经对科研经费进行了改进,但是作为一个行政化管理手段,仍然显得复杂,其背后仍然是行政主导思想。很多机构在接受财政补贴后,需要面对十分繁琐的财政经费管理问题,这构成科研人员一个很大的行政事务负担,影响了其积极性。考核方面主要通过同行评议和结果应用多方面评价,逐步完善和严格评价制度,为科研人员营造更好的科研环境。

三是对于很多需要持续资助的科研项目,目前缺乏一个好的资助机制。很多项目本来应该是3—5年或更长时间才能出效益的,但由于政策上的短期导向和急于求成,科研机构为了争取项目,不得不化整为零,将其改为逐年申报和评审。这造成了一个不好的急功近利的导向,同时给科研单位和企业增加了大量行政事务性工作。

第四节 基本现状分析

针对上述问题,我们认为有多方面的原因,部分存在于较为浅层面的管理机制问题,还有一部分需要深层次的体制变革。

一、对科创体系组织的分析

科创体系是一个生态系统,由多个主体及其关系构成。客观地说,上海并不缺乏创新资源的投入,也不缺乏好的专利和高级的科技成果,问题在于资源配置不当,主体间相互关系不够密切,导致其效益没能得到充分发挥,在将科技成果转化为市场化商品的环节存在缺失和动力不足的现象。推动资源发挥其效益的前提,有赖于上海科创体系框架式条件的日臻完善。而框架式条件的微妙之处在于,其中任何一项的缺失,都可能导致最终创新体系建设的落后和失败。只有诸多条件基本具备了,才会有一个真正世界级的创新中心出现。

对照国外的硅谷、国内的深圳,甚至杭州等地,上海科创体系中一个最大的不足就是中小科技企业的活力不足。上海缺乏那种本土成长起来的具有国际影响力的大型民营企业,这造成了今天上海作为中国经济发展的龙头在进一步引领全国经济向上提升的困境。其背后制度的劣势,值得深思。

当然,上海的科创体系存在的问题,有些是长期积累的问题,很难在短时期内有根本性的变化。但也有一些制度层面的障碍,是短期可以作出调整起步的。第一,进一步放开各类行业进入门槛,自贸区所总结的负面清单管理制度优势并没有真正发挥和推广。第二,中小企业融资瓶颈问题没有得到很好地解决,在企业技术上没有能够升级的情况下,资金吸引力不足,同时缺乏成熟的创业指导,中小企业生存状况不容乐观。对此需要用政府资金作为种子基金,引导更多民间资本进入。第三,在知识产权保护上,还可以做得更好。上海知识产权法院已经成立,为此方面诉讼的解决提供了便利。但是,对于上海全球化的产业而言,这无疑是一把双刃剑,是否能够通过坚持法治来坚定科技创新企业的信心,仍有待观察。

目前,政府对科创中心的建设仍然主要在科技创新这一特定方面,具体地说,是科委在牵头负责。作为一个关涉到上海未来发展的系统性工程,显然还需要其他各方面的力量和配套改革实质性地跟进。从全球发达国家和创新城市来看,普遍秉承创新生态体系的观点已经将各类产业、教育、移民、税收、管制等方面纳入这一体系之中。从上海情况看,在将科创中心建设作为重点工作的同时,还有其他"四个中心"的建设,最新还提出"全球卓越城市""生态之城"的远景目标,这些目标都很重要,且它们之间显然是有关联性的。对于如何关联,目前在战略层面并没有描述得太清楚。对于具体政府部门而言,无疑会模糊工作重点。这会导致种种不协调。

在各部门协调方面,之所以出现政策不协调,从操作层面看,具体有多方面原因:一是政策本身存在冗余性,管制过多,可以进一步减少部分制度,在科创方面不需要面面俱到,也做不到。二是各方面信息沟通不足,政府部门之间需要以电子方式进一步打通。三是部门协作和服务意识不够。

二、对政策工具的分析

OECD在《科技与创新展望2016》的报告中列出了十种主要的政策工具,包括直接的资助,如竞争性补助、债务融资、股本融资、预付款、公共采购、研发费用税收激励、知识产权税收激励、其他税收激励、技术咨询、创新券等。[①]这些政策工具在上海均有不同程度的实施,而且力度不小。从各国实证研究结果看,对于不同政策工具的效果结论并不一致。但资助肯定不是越多越好,而且不同政策工具之间、公共资助与民间资本之间可能存在替代性。目前,上海的问题在于对此缺乏相应的研究,资助效果存疑。

对比科创减税和补贴两种政策可以发现:减税属于一次分配的范畴,将利润留在企业手中,由企业自行支配;补贴是二次分配,将利润放在政府

---

① OECD. Science, Technology and Innovation Outlook 2016[R]. OECD Publishing, Paris, 2016.

部门手中，进行重新调配。前者是企业用自己的钱，通过对未来市场的判断，进行投资。而后者体现为政府部门的调配权，实施补贴的基础是认为在研发方面具有正外部性，会导致市场失灵，企业不愿意投入到研发之中。但是，政府部门和行业专家都不可能事前知道哪些创新项目将会有市场，在多长时间能够有盈利，他们最终的补贴决策，更多仍然是依赖于企业过去的盈利和自身的人力资本等硬指标，而不是未来的发展。因此，相比于市场失灵，补贴政策则会产生政府失灵的现象，对此不可不察。

在现实的补贴活动中，存在一种偏向补贴国有大中型企业的现象。鉴于国有企业的性质，这一现象的出现是必然的。但这种补贴方式可能资源错配现象。大型国有企业本身已经低成本地占有了大量的资源，如土地、金融、人才等，它们应当率先具有林毅夫教授所说"自生能力"，应该为整个产业集群，为上海科创中心的发展做出贡献，但现在显然没有起到这种主导和骨干性作用。

增加人才的收入和提供社会保障是各地创新人才吸引的关键性政策。近年来，上海周围的城市，如杭州、苏州、南京，都推出了一系列抢夺人才大战。相比之下，上海等一线城市近年来的吸引力有所下降。除了一般的补贴，深圳前海2012年已经在试行对境外高端和紧缺人才个人所得税超过15%以上由政府补贴，吸引了大量海外和港澳台的人才，效果良好。

三、对科创项目管理的分析

创新是对现有体制机制的突破，不确定性较大，创新者要承受比常人更大的压力，需要制度环境的宽松性和包容性。2017年7月，李克强总理在国务院常务会议上强调"人类的重大科学发现都不是计划出来的"。因此，在完善科创管理制度的时候，需要更多地以科研人员为本，如对科技创新人才许以更多的自由度，相信他们。同时，尊重学术规律，让学术群体作为自治体，其中的声誉机制发挥影响力和约束力，对于造假行为，配套以更加严厉的制裁措施。政府要做的就是营造相对宽松的管理环境，尊重学术自由。同时对有违学术伦理的行为，施以更加严厉的处罚。

科创项目预算管理不同于一般的行政办公预算之处就在于其过程和结果的不可预测性。科研工作不是循规蹈矩能够做出来的，简单地将后者的管理制度套用到前者身上，只会束缚科研人员，影响其积极性。现有科研经费管理办法虽然已经有了较大的改进，但是其指导思想仍然是行政主导，在实施过程中变化较快。因此应当为这种变化留出更大的空间，最终与科创成果考核相挂钩。

这一规律同时提示我们，由于事先很难预测项目的成就，各类政府创新资助项目要将公平性放在首位。公平性体现在各种类型、不同行业的企业均应有所资助。认为战略性新兴产业可能是技术革命爆发最为集中的地方，从而需要更多的补助，有一定道理。但是，传统产业同样可以运用新技术开展商业模式、创意设计等颠覆性创新。德鲁克在《创新与企业家精神》一书中就明确提出创新无处不在，美国大量的就业机会，并不是来自所谓的高科技行业，而是各行各业[①]。政府最终要支持的是创新，而不仅是研发。

第五节 政策建议

一、促进政府科创体系的协调

一是为了完善整个生态，政府需要全面推广负面清单管理。对于不同行业创新型企业的成立，进一步放低门槛，简化手续，减少各类不必要的审批，完善创新生态。

二是选择张江科学城这一创新区域，整合力量，推动行政体制的改革。

---

① [美]彼得·德鲁克.创新与企业家精神[M].张炜,译.上海：上海人民出版社,2002.

张江科学城作为科创中心的重点抓手,最主要是减政放权,摆脱现有行政体制的束缚,在改革上有更多的、更大力度的突破。

三是数据开放方面,结合国际经验,逐渐优化数据的可用性和有用性。具体如气候、工商企业基本资料、土地和地理、教育、环境、食品、健康、住房以及各类公共设施。这些信息目前公布的详尽程度不一,需要根据实际企业的需要,逐渐建立一个更加明确的标准。

四是考虑在部分行业先行推进对接国际标准的更加严格的知识产权保护,形成上海作为科创中心地位相称的保护措施,提升对各类科技型企业的吸引力,实现良性循环。

二、加强政策工具的评审和改进

一是加强对历年公共补贴和减税手段支持创新效果的评估,提升财政补贴的针对性和科学性。国外政府有针对中小企业的专门税收优惠政策,以及通过科研合作平台的专门补贴政策,成败参半。上海市政府近年来在推动科创方面加大了支持力度,对大中小企业和各类科研机构,从不同层面均有支持,其效果如何,应该有所评估。作为财政措施的跟踪,需要加强资金运用效率方面的研究,提升资金运用效率。

二是加强对中小企业的补贴和减税力度,鼓励小企业与大企业合作、与科研机构合作,在政府采购中有所侧重,使其真正具有自生能力,蓬勃发展。中小企业是上海科创体系中较为薄弱的一环,应当成为未来很长一段时间需要重点关注的对象。这种关注不仅仅包括政策的倾斜,还包括制度的宽松。

三是改革目前政府涉及创新产品的采购制度,增加透明性和可操作性。上海作为科创中心,有必要制定《政府创新产品采购管理办法》,明确政府采购活动对创新的支持,尤其是中小企业创新。如果能够得以实现,这一法案必然具有全国的引领性,也能够很好地对外释放出政府大力支持中小企业的信号,吸引中小企业来沪。

三、完善财政科技项目的管理

一是定期开展对竞争性项目评审公平性的审查。通过对历史资助企业数据的跟踪,结合企业资助后的科研成果,了解资助可能存在的不公平性和偏见,适时作出调整。

二是进一步减少科研经费报销繁琐的问题,改革现有科研经费管理办法。让科研人员有更多的精力投入到专业研究工作之中,减少行政负担。在加强科研项目考核方面,通过同行评议和结果应用多方面评价,逐步完善评价制度,鼓励学术机构建立科研人员的声誉机制,营造更好的科研环境。

三是政府应针对一些投资期长、具有长远社会效益的创新,开发出专门的政策工具,提供资金保障,以稳定创新者预期。

四、完善创新型人才的吸引与激励政策

一是在一流创新人才和团队的吸引方面,缩小国内外制度环境的差异。一流科技人才最主要的需求是希望有一个相对简单、透明的制度环境,同时能够与本土人才形成梯度对接。很多长期在国外工作的人并不擅长和国内的各级政府部门打交道,政府不仅要建设一流的学术研究物理基础设施,持续资助,还需要减少干预,让他们摆脱行政琐事,一心钻研,营造良好的、更加自由的科研环境。

二是通过特别的所得税制,实质性提升人才待遇,减少科技人才的经济压力。上海可以借鉴深圳前海对境外高端人才的政策,在张江科学城或其他科学园区实施此类优惠政策。

三是特别重视STEM专业本科和研究生教育,吸引国内外此类毕业生留在上海。政府可以通过奖学金或引导民间奖学金倾向于此类专业人才的培养,集中关注这些专业的毕业生去向。

第二章 促进科技创新与经济发展深度融合的有效途径研究

目前,伴随着科技革命的风起云涌,科技创新不仅成为拉动各国和各地区经济增长的新的核心动力,也日趋成为国家和地区间提升综合竞争力的主攻方向。作为当前我国科技成果最集中和经济最发达省市之一的上海,近年来高度重视科技创新对经济发展的影响,继"创新驱动,转型发展"之后,又从2014年开始,积极推动全球有影响力的科技创新中心建设,通过一系列的制度性改革和加大创新投入,上海的科技创新能力和水平进一步提升,并有效推动了上海的经济发展和社会进步。

第一节 现状分析

近年来,在建设全球有影响力的科技创新中心的有力推动下,上海在科技创新方面的投入持续增加,上海用于研发(R&D)的经费支出从2011年的597.71亿元增加到2015年的925亿元,占GDP的比重从3.11%上升到3.7%,科技活动人员数从2011年的37.53万人增加到2014年的45.1万人,科技创新对国民经济增长的贡献率进一步提升[①]。

[①] 一项对上海经济增长新动力的研究表明,2010年后,上海科技进步对经济增长的贡献率从1992—2009年的31%上升到55%左右,并且继续呈现上升趋势。

一、以重大基础研发推动产业发展

近年来,上海瞄准世界科技前沿和国际技术巅峰,加强重大基础学科领域的研发投入,通过重大科研基础设施建设和基础科学研究的突破,引领和带动产业的技术创新。从2011—2014年,上海在基础研发领域的投入从37.78亿元增加到2014年的61.2亿元,先后在脑科学、中医药、新材料等重大交叉前沿领域取得了一大批重量级创新成果。根据《上海科技进步报告》中显示的数据,2015年,上海科学家在国际权威学术期刊《科学》上发表论文18篇,占全国的26.1%;在《自然》上发表论文23篇,占全国的25.8%;在《细胞》上发表6篇,占全国的54.5%。2015年,上海共有54项牵头及合作完成的重大成果获国家科学技术奖,占全国授奖总数的16.5%。这些重大研究成果为解决制约经济和社会发展的关键科学问题提供了重要支持。同时,上海张江综合性国家科学中心建设中的大科学设施建设,如上海光源一期、蛋白质科学设施、超算中心、国家转化医学中心等,也为解决国家急需的基础科技和关键核心技术领域取得重大突破作出贡献。

重大基础研发的突破带动了上海重大基础产业的发展,一些产业领域的关键核心技术先后被攻克。上海重点产业技术体系的构建和完善,一批重大技术和装备空白被填补,在多个领域上形成了战略性新兴产业的新的增长点。目前,上海在高温超导、集成电路装备、微技术、高端医疗器械、北斗导航、机器人、大数据等前沿科技应用方向上的研发、技术攻关和成果产业化布局已经基本形成。如在北斗卫星导航系统的产业化方面,上海已经在闵行、青浦、宝山和杨浦等区建立了卫星导航基地,有卫星导航相关企业上百家,产品已经覆盖了核心芯片、应用终端、系统集成、运营服务等领域,产业化应用规模正在逐年扩大。航天航空领域的项目,如C919大飞机项目、ARJ21新支线客机、新型运载火箭长征六号等,均取得突破。在集成电路方面,40-28纳米集成电路制造、中芯(上海)28纳米工艺制程、全球最小的CMOS-MEMS单芯片集成气压计等先后取得重大突破。智能汽车方面，上海开始在嘉定建设国内首个智能网联汽车试点示范区，将建成国内首个针对智能网联汽车先进技术研发、标准规范研究制订和产品技术检测认证的主要基地，以及相关产业创新孵化基地、人才高地、产业资本的主要集聚地。此外，交通和医疗领域的大数据应用行业试点也在上海的公共民生行业全面展开，相关成果在航空流量管控、地面交通疏导、医疗卫生服务等方面已经实现了较大价值。

二、科技创新推动产业转型升级

以科技创新推动上海的产业转型升级的力度进一步增强。2011年至2014年，上海在应用研发和试验发展上的经费支持力度持续加强，从559.93亿元增加到800.75亿元，企业研发投入也持续增加，从392.05亿元增加到513.15亿元，其中规模以上企业是研发投入的重点，从343.76亿元增加到449.22亿元。企业研发投入的增加加快了上海产业转型升级的步伐，这体现在以下方面。

一是高新技术产业技术水平明显提升，贸易结构进一步优化。2015年，上海新认定和复审的高新技术企业达2 089家，截至年末，高新技术企业已达6 071家，另有253家技术先进型服务企业。年内认定高新技术成果转化项目603项，其中电子信息、生物医药、新材料等重点领域项目占83.4%，高新技术成果转化项目10 500项。2015年在上海工业总产值下降0.5%的大背景下，上海高新技术产业中的医药制造业实现了6.7%的营收增长和29.1%的利润增长，石油化工及精细化工制造业则增长了1.4倍。在贸易方面，虽然受国外市场需求影响，2015年上海的高新技术产品出口5 354.7亿元，下降2.1%，但进口高新技术产品5 266.7亿元，同比增长4.6%，高于全市进口总体增幅4.1%，占全市进口总值的比重由2014年的36.8%提升至40.8%。此外，一般贸易方式的高技术产品出口额所占比重呈上升趋势。2015年，全市高技术产品出口中一般贸易额占高技术产品出口额的比重进一步上升,达到13.2%。

二是战略性新兴产业持续增长。2015年,上海的战略性新兴产业增加值达到3 746.02亿元,同比增长4.5%,高于同期工业增速(0.5%),占上海市生产总值的比重为15.0%。其中,战略性新兴产业内部的转型升级趋势明显,制造业增加值占比进一步下降,只有1 673.49亿元,占44.7%,而服务业增加值达到2 072.53亿元,占55.3%,生产性服务业已经超过制造业增加值。从产值上看,2015年几个主要战略性新兴产业部门中新能源汽车产业同比增长28.6%,新能源产业同比增长1.1%,生物医药产业同比增长5.64%,医疗器械产业同比增长25%,均显示出强劲的增长态势。

三是科技"小巨人"的品牌效应在持续释放。截至2015年底,上海全市的科技小巨人企业和小巨人培育企业总共达到1 427家。这些小巨人企业在行业技术创新和产业发展中起到了重要的带头作用和示范作用,如在技术研发领域,小巨人(含培育)企业平均投入比重达6.79%,在全市80余家产业技术创新联盟中,1/3以上联盟发起单位为科技小巨人(含培育)企业,超过国有大型集团、转制科研院所或事业单位发起的联盟数量。这些企业有43家已在中小板或创业板上市,泰坦科技、天演建筑物位移、通路快建等一批小巨人企业已成为细分行业的"隐形冠军"。

三、科技创新推动产业集聚发展

上海紧紧围绕张江国家自主创新示范区建设、紫竹国家高新技术产业开发区、各类创新基地建设和园区建设,以科技创新积极推动产业集聚发展。

一是围绕张江国家自主创新示范区建设,打造创新功能型平台。作为上海科创中心建设的核心载体,上海围绕将张江示范区以《关于加快推进中国(上海)自由贸易试验区和上海张江国家自主创新示范区联动发展的实施方案》("双自联动"方案)为指导,以建设世界一流科技园区为规划目标,在科技研发平台建设、推动"双创"的制度建设、人才引进和服务体系建设等方面不断发力。截至2015年底,张江示范区实现总收入3.58万亿元,出口创汇643.71亿美元,实缴税费2 431.54亿元,净利润2 013.15亿元,分别同比增长6.6%、7.2%、9.3%,均高于上海当年的平均水平,真正起到了引领和示范作用。目前,张江高新区拥有近7万家科技企业,200万名从业人员,聚集全市80%的知识密集型产业、80%的高新技术产业、80%以上的高端人才,共1 470多个研发机构、300余个公共服务平台、44所高校、700余家跨国公司研发中心和地区总部,累计19.3万件知识产权,已经形成生物医药、信息技术、节能环保、高端设备制造、新材料、新能源、新能源汽车、文化科技融合产业和现代服务业等九大产业集群,已成为中国创新资源最密集的区域之一,发挥着集聚、示范、引领、辐射的巨大作用。

二是一些重点国家高新技术园区建设正在逐步转型发展,现代服务业集聚逐渐形成。如2015年漕河泾开发区实现年销售收入2 588亿元,其中第三产业收入1 798亿元,占比达69.5%,工业总产值632亿元,进出口总额82亿美元。在开发区内已经汇聚中外高科技企业2 500多家,其中外商投资企业500多家,81家世界500强跨国公司在区内设立131家高科技企业。其中,软件和信息服务业、金融服务业、科技及科技配套服务业、现代商贸业等四大板块的销售收入均突破亿元。紫竹国家高新技术产业开发区入驻的高新区企业885家,累计吸引合同外资30亿美元,外资投资总额57.9亿美元,内资250亿元。累计申请专利17 390件,其中发明专利16 040件;累计获专利授权9 236件,其中获发明专利授权7 888件。2015年,高新区实现销售收入430亿元,税收超50亿元。

三是一些具有区域根植性的区域性创新集群正在悄然兴起。上海各主要产业园区对接《中国制造2025》,以技术创新推动区域内先进制造业和战略性新兴产业发展,集中在装备制造、电子信息、软件和信息服务、民用航空、新材料、汽车、生物医药等产业领域形成区县的产业创新集群。如浦东临港初步建成以智能制造产业集聚和应用为特征的"一核三区"("一核"即南汇新城,是智能制造创新要素集聚区;"三区"是装备产业区、综合区和主产业区)空间布局;张江基地和嘉定区形成高端医疗产业群和新能源汽车产业集群;松江区和金桥形成3D打印创新集群;徐汇区形成生命健康产业高地;杨浦基地形成以支撑企业发展与团队自我提升为特征的众创空间集群;青浦区建成新材料产业群等。

四、以科技创新促进大众创业万众创新

为激发全社会创新创业活力,上海通过不断完善立体化的科技创新服务体系、差异化的科技创新发展体系和多层次的科技创新平台体系,从投资发展、平台建设、信贷促进、科创项目、人才激励和风险防控等方面,营造有利于"双创"的科创服务环境。

一是从基地和基金两个方面解决大学生创业创新的空间和资金需求。为了解决大学生创业前期的能力不足、经验不足等问题,上海成立了大学生创业实训基地,并逐渐形成了一套完整的"创业导师+专门孵化+资金集成"的创业孵化服务模式,已经孵化出一些在新兴产业领域具有一定影响力的企业。如从2009年11月就入驻基地的大学生创业示范园截至2015年底,共计孵化创业种子项目910个,孵化成功率在45%—48%,涉及IT、光机电一体化、电子信息、新材料、创意设计、生物医药、教育咨询等高新技术和现代服务领域,在上海市科技创业苗圃中保持领先。累计注册企业420家,创业带动就业人数3 000余人;为创业企业申请获得知识产权与各项专利达700余项;创业企业上缴税收每年平均以12%的速度递增。此外,园区2008年成立的创业接力基金截至2015年底已经为近700家企业提供累计约30亿元的融资担保贷款,并有效帮助超过1 400多个企业和项目获得资助,支持的企业中已有20余家企业在新三板挂牌,基金的30%—40%的资金已经赎回。为推动大学生创业,上海市于2006年成立大学生科技创业

基金会,开展创业倡导、创业教育、创业资助、创业接力等活动,截至2016年6月,已建立了23个分会及专项基金,并作为"天使基金"累计接收5 446个创业项目申请,资助项目1 467个,带动近2万人就业,创业宣传活动覆盖160多个国家。此外,根据上海市银监会数据,截至2015年底,全市众创空间成立的天使投资基金已达到16.75亿元,获得上海市天使引导基金投入2.74亿元,累计投资企业近700家。

二是众创空间建设形成创新集聚。2015年上海就发布了《关于发展众创空间推进大众创新创业的指导意见》,通过整合社会资本优化众创空间的载体功能,为创业者提供低成本、便利化、全要素、开放式的综合创业服务。截至2015年底,上海众创空间的建设呈现出天使投资、大企业平台、产业链生态、咖啡沙龙等十大运营形态和模式,共有各类众创空间孵化机构450余家,其中有100家以上的众创空间是在《指导意见》发布以后新增的,且超过90%的众创空间由社会力量开办。其中,苏河汇已投资孵化出200多家企业,并成功上市"新三板",成为众创空间的第一股。此外,国内首家区域性众创空间联盟——上海众创空间联盟也于2015年3月成立,共有57家联盟会员及134家各类创新创业服务机构,以社会和民间力量推动"双创"的格局基本形成。

三是研发公共服务平台功能进一步优化和提升。如上海市研发公共服务平台集聚了1 226家服务机构,包括117家市级重点实验室、232家市级工程技术研究中心、128家专业技术服务平台、8 414套大型科学仪器的科技研发资源,为上海广大企业服务。截至2015年底,平台累计访问量5.03亿人次,注册用户65.9万人,其中包括近3万家上海科技企业。为了发挥平台科技资源集聚和开放的优势,为广大中小微企业和创业团队提供研发服务,上海探索试行科技创新券政策,扩大受益范围,增大补贴力度,简化申请流程,积极为中小微企业和创客提供全面、可及性强的科技服务。截至2015年底,已有1 024家企业、14个创业团队获得科技创新券支持,涉及新一代信息技术、生物医药、新材料等多个高新技术行业,累计获得的科技券额度达到5 000多万元。

五、科技创新推动民生和环保建设

围绕着民生建设,上海在生物医药技术研发和产业化方面的力度明显增强。2014年,上海出台了《关于促进上海生物医药产业发展的若干政策》,在生物医药的相关政策扶持方面进行了进一步细化和落实,如用地申报、医保支付、医疗器械应用示范和首套政策落地等方面进行了全面改革,产业发展和科技创新不断推进。2015年,上海的生物医药产业保持平稳增长,全年实现主营业务收入925.41亿元,同比增长5.4%,利润130.35亿元,同比增长24.9%。生物医药产业规模保持平稳增长,产业规模继续扩大,创新能力不断增强,产品结构也日趋合理。此外,在特色农业方面,上海在工厂化栽培食用菌、特色水产、特色林果等农业新品种的种植创新、生态栽培、健康养殖等技术集成创新,一二三产有机融合以及农作物清洁安全生产、农产品储运保鲜等关键技术研究及应用方面积极推进。此外,在海绵城市建设管理、污水管网建设、城市轨道交通运行及隧道结构安全、超大深长隧道等关键技术攻关等方面,都体现出技术创新的作用。

在绿色环保方面,上海重点围绕清洁能源、生态环境、新能源汽车等领域,加强科技成果的系统集成、推广应用和示范,取得了一系列阶段性成果。2015年全年,上海全社会用于环境保护的资金投入708.83亿元,相当于上海市生产总值的比例为2.8%。根据国家发改委公布的2015年分省份万元地区生产总值能耗降低率指标中显示,2015年上海市每万元GDP能耗指标下降了3.92%,每万元电耗指标下降了4%。而根据上海市建筑能耗监测平台显示的数据,从2013—2015年,上海市全市单位面积能耗由127千瓦时/平方米下降到100千瓦时/平方米,其中政府建筑由92千瓦时/平方米下降到68千瓦时/平方米,办公建筑由112千瓦时/平方米下降到86千瓦时/平方米,旅游饭店由124千瓦时/平方米下降到121千瓦时/平方米,商场建筑由

209千瓦时/平方米下降到140千瓦时/平方米,综合建筑由112千瓦时/平方米下降到101千瓦时/平方米。上海的空气质量优良率(AQI)中的各项重要指标,如二氧化硫年日均浓度、可吸入颗粒物(PM10)、区域降尘量等,均有不同程度下降。至2015年末,上海人均公园绿地面积达到7.6平方米,建成区绿化覆盖率达到38.5%,全市森林覆盖率达到15.0%。其中,崇明岛可再生能源实现"绿电"100%消纳,成为全国首个"绿岛"。

此外,新能源汽车研发与推广再上新台阶。在技术研发方面,上海研发出国内首款市场化纯电动MPV车EG10,按照车辆使用10万千米/5年计算,EG10每辆车可节省燃油10吨。荣威750燃料电池轿车突破了零下10℃自启动的性能试验,最大续航能力已经接近400千米。在新能源车应用方面,2015年上海共计销售新能源汽车3万多辆,新能源车在公共交通领域推广数达到3 116辆,占全市公交车辆总数将近20%,私人购买的新能源车突破20 000辆。此外,上海电动汽车国际示范区、上汽集团与一嗨租车推出的分时租赁模式逐步进入商业运营阶段,租赁网点将突破300个,运营电动汽车进一步扩容至3 000多辆。

六、以科技创新推动制度创新和市场建设

一是借助税制改革的契机,积极推动税收优惠普惠性政策的落实。2015年,上海继续落实企业研发费用加计扣除、高新技术成果转化、高新技术企业认定等税收优惠普惠性政策,切实提高政策便捷性和兑现率。2015年,上海共为2014年的6 071家"高新"企业和253家"技先"企业减免税收总额近200亿元。2014年全年,上海为5 852家企业研发费用加计扣除税收83.75亿元,涉及项目25 982项。

二是推动金融创新,以金融创新夯实科技创新的资金基础。2015年,上海出台了《关于促进金融服务创新支持上海科技创新中心建设的实施意见》,从八个方面提出20条具体政策措施。从金融市场建设、金融产品创

新和金融信息服务平台三个方面加强科技与金融的结合。其中在金融市场建设方面，上海加快建设和发展多层次资本市场，上海股权托管交易中心正式推出科技创新板，推进科技金融信息服务平台建设。加快产品创新，鼓励对天使投资基金或机构为创业者和创业企业提供种子资金和天使资金，为初创期科技企业提供创业风险资金的保障，并积极推动上海华瑞银行、上海银行等多家银行业金融机构探索试点投贷联动业务，创新金融服务模式。截至2015年底，上海共为全市382家企业提供科技企业贷款13.54亿元，其中以"投贷联动"模式为105家科技型小企业提供了10.2亿元融资。上海银行业促进转型发展的诸多领域内的创新中有43家是支持上海科创中心建设项目。同时，上海加大了科技金融信息服务平台建设，在对平台原有内容进行深度整合的基础上突出了平台的信息服务功能，提升科技贷款网上申请审核效率，访问量在2015年底已突破1 000万次。截至2015年12月末，上海辖内共有9家银行。

三是构建完善的技术转移服务体系。上海重点从人才培养、机构培育和平台建设着手，积极探索有利于各类科技服务机构健康发展的运行机制和政策环境，主动培育一批具有规模效益和品牌效应的科技服务机构和骨干企业，推动构建若干科技服务功能平台和产业集群，使其成为促进科技经济结合的关键环节和经济提质增效升级的重要引擎。如2015年国家技术转移东部中心在杨浦区湾谷科技园揭牌成立，该中心定位为国家创新体系示范、国际技术转移枢纽、上海科技创新引擎，以市场化运营为核心原则，积极探索创新技术转移转化新模式、新业态、新路径。此外，上海正积极开展科技中介服务体系建设试点，以期通过设立市场化运营公司和引入市场化管理模式推动科技成果的转化。2015年，全年受理专利申请100 006件，比上年增长22.5%，其中受理发明专利申请46 976件，增长20%。全年专利授权量为60 623件，增长20.1%，其中发明专利授权量为17 601件，增长51.5%。至年末，全市有效发明专利达69 982件。年内认定高新技术成果转化项目603项，其中电子信息、生物医药、新材料等重点领域项目占83.4%。至年末,共认定高新技术成果转化项目10 500项。全年经认定登记的各类技术交易合同2.25万件,比上年下降10.8%;合同金额707.99亿元,增长6.0%。

四是加大知识产权运用和保护力度,以法律为科技创新保驾护航。2015年,上海发布了《关于加强知识产权运用和保护促进科技创新中心建设的实施意见》,加大知识产权运用和保护力度,加快建立知识产权侵权查处快速反应机制,健全知识产权信用管理,不断优化知识产权服务体系,创造良好的知识产权生态环境。2015年,上海开始在静安区开展专利保险试点,先后为30家企业的355件专利投保713.6万元。同时加强对侵犯知识产权的打击力度,2015年全年共受理各类专利案件80件、办结61件,处理专利侵权纠纷投诉103件,破获各类侵犯知识产权和侵权假冒案件350件,抓获犯罪嫌疑人636人,收缴各类涉案财物2.62亿元。

第二节 存在的问题及原因分析

一、存在的问题

虽然上海的科技创新与经济发展融合促进了上海经济与社会发展,但我们也应该看到,科技创新与经济发展的融合度上还存在一系列问题,主要表现在以下几个方面。

(一)重大基础研发能力与全球科技创新中心差距明显,对重大基础产业的支撑能力有限

虽然上海在能源、材料、物理、生物医学等若干前沿领域在国际上已经具有一定实力,但整体水平与发达国家科技创新中心相比差距明显,为重大基础性产业创新提供的技术支撑仍然有限,这主要体现在:

一是在重大基础性创新资源方面,上海与全球科技创新中心的差距明

显。上海不仅与纽约、伦敦、洛杉矶等城市差距明显,与同处亚洲的东京也存在较大差距。如在全球顶级科学家的数量方面,东京在数学、物理、化学、生物等领域的科学家,获得菲尔兹数学奖3人,获得诺贝尔物理奖8人,获得化学奖6人,获得生物奖3人;上海虽然截至2015年底有"两院"院士176人,入选国家"千人计划"累计771人,但尚未有诺贝尔奖获得者等顶尖科学家长期在沪就职。再比如,在基础研发的高校方面差距也非常明显,东京2016年进入全球400强的高校有5家,东京大学更是高居亚洲第一,但上海目前仍然只有两所大学进入400强。基础研发水平不足直接影响了新知识的生产,也影响了科学创新主体(大学)与技术创新主体(企业)之间的互动。

二是重大战略性基础产业大部分才刚刚起步,尚未形成产业集聚的集群效应,行业带动力和影响力较弱。如上海的大飞机,虽然下线和新支线客机开始交付客户使用,但下线首飞还仅仅是开始,而要交付用户及市场,最重要的是须通过"安全审定",即适航取证。这不仅需要通过我国民航管理部门的认证,还需要赢得国外民众的认可,且大飞机在未来市场中还需要面临新一代空客320和波音737的同位竞争,要真正拓展市场还有很长的路要走。在北斗卫星导航系统的数据应用和市场拓展方面,上海与其他地区(如北京、深圳等)的差距明显。再如机器人产业,上海虽然有一定的产业基础优势和先发优势[1],2015年工业机器人产量达到2.11万套,产值超过200亿元,但上海的机器人产业在企业规模、核心零部件技术、技术研发能力、人才团队、行业经验、品牌影响力等各方面都与国外的机器人企业存在非常大的差距[2],且主要以仿制和拼装为主,自主研发能力不强,企业核心竞争力不强,且面临的竞争压力日趋激烈[3]。

---

[1] 在全国排名前10的机器人制造业企业中,上海的德梅柯(第2)、上海机电(第3)、新时达(第7)均进入前10。
[2] 2013年,日本安川电机一年的机器人产量就达29万套,上海全部108家机器人企业的产量仅为日本一家企业的1/14强,且国外机器人已经从制造机器人向服务机器人转变,而我们基本停留在制造阶段。
[3] 根据OFweek行业研究中心的数据显示,截至2015年12月底,国内机器人企业数量已经达到1 026家,其中广东省285家,浙江省156家,江苏省125家,上海市108家,山东省89家,北京市58家,安徽省56家,辽宁省45家,重庆市40家。

(二) 科技创新对产业,特别是企业的支撑能力有限导致上海具有全国甚至全球影响力的企业和企业家与上海的经济发展水平不相称

一是产业技术创新基本还处在追踪跟进创新阶段,原创性创新成果相对不多。如发达国家的专利授权基本是以发明专利为主,美国的发明专利一般占全部专利数量的3/4左右,即使近年来上海的发明专利数量快速增长,比例仍然不高,2015年上海全年专利授权量为60 623件,其中的发明专利仅17 601件,占全部专利数的比例仅为29%。此外,上海全市高新产业的自主知识产权拥有率不足30%,制造业普遍存在核心技术缺失问题,核心技术、关键材料、关键零配件都严重依赖进口,已成为上海产业升级和自主创新能力培育的"卡脖子"问题。

二是高新技术产业和战略性新兴产业大而不强,产出效益明显偏低,且发展结构明显不平衡。上海高新技术产业主要集中在计算机及办公设备制造业,该行业产值从2000年的139亿元增加到2015年的5 573亿元,占2015年上海高新技术产业总产值的70%,但是利润率只有2.2%,而医药制造业只占上海高新技术产值的8%左右,利润率却在2016年达到16.2%。由于上海计算机及办公设备制造业在上海高新技术产业中占比高、产出效益低,所以上海高新技术产业并未体现出"高新"的特点,甚至在增加值率和产出利税率上均低于全国平均水平[1],高新技术产业"高增长,低效益"的现象突出。战略性新兴产业也是如此。2016年上半年,上海战略性新兴产业制造业完成总产值3 853.75亿元,同期仅增长0.7%。虽然新能源产业增长22.1%,新能源汽车产业增长38.3%,但这两类产业占比较低,前者仅占全部战略性新兴产业产值的3.5%,后者甚至只有0.6%。另一方面,高新技术产业特别是计算机及办公设备制造业在新产品的研发投入上下降较快。2014年,上海市高新技术产业新产品产值仅占高新技术产业产值的14.1%,

---

[1] 全国高新技术产业增加值率在20%—25%,发达国家在25%—49%,2014年上海高新技术产业增加值率仅18%。2011年全国高新技术产业利税率为22.8%,而上海2014年仅为5.6%,而计算机及办公设备制造业的利税率仅为1.3%。

其中计算机及办公设备制造业仅为4.4%。

三是小巨人(培育)企业虽然发展迅速,但是持续创新能力不足。由于小巨人(培育)企业大部分是民营企业,而上海依然存在"重国企轻民企、重大企轻小企"的思维,使许多政策在落地的时候更倾向于国企或者外企,民营科技企业获得的资源仍然有限。且科技小巨人企业的融资渠道仍然以银行贷款间接融资为主,债权融资或上市融资步伐仍然缓慢。目前,上市融资的企业数只占全部小巨人企业的3%左右。加上缺乏相应的技术平台、实验设备和专业技术人才等问题,企业的持续创新投入和能力都明显不足。

(三)产业集群中缺乏具有产业领导力和号召力的企业或企业集团

虽然上海已经形成了较强的产业集聚,但是仍然缺乏有行业领导力和号召力的龙头企业和企业家,产业集群的示范效应不够。

一是在具有创新影响力的企业方面,上海缺乏具有创新领导力的龙头企业。比如,2016年《麻省理工科技评论》评选出的50家最具创新力的公司中,中国有5家企业入选,没有一家是上海的企业[①]。中国企业500强中,排名前10的企业没有一家是上海的企业。其中,上海汽车排名最前,仅排第11位,前50也只有交通银行(第33位)和浦发银行(第49位)。在中国民营企业500强中,上海仅14家企业上榜,上榜企业数仅为浙江的1/10,其中排名最靠前的华信能源也仅排在第7位。龙头企业的缺失直接影响了上海企业的行业影响力和支配力。

二是缺乏具有号召力和影响力的企业家。2016年,上海进入《财富》中国最具影响力50位商界领袖榜的人数远远低于北京、广东地区,在前20名中没有一名上海的企业家。最高排名是东方希望集团董事长刘永行,排在第40位。在这50名企业家中,上海仅有4名企业家入围,分别是美团大众点评网首席执行官王兴(第42位)、绿地集团董事长张玉良(第43位)和中

---

① 在这些企业中,百度排名第2位,华为排名第10位,腾讯排名第20位,滴滴出行排名第21位,阿里巴巴排名第24位。

国商用飞机有限责任公司董事长金壮龙(第49位)。同期的《中国企业家》杂志对国内最具影响力的25位企业家的排名中,上海也仅有复星的郭广昌(第4位)、携程网的沈南鹏(第14位)和梁建章(第25位)三人上榜。

表2-1　2016年《财富》最具影响力50位商界领袖地区分布

	广东	北京	上海	山东	江苏	浙江	天津	河北	辽宁	河南	四川	海南	内蒙	厦门
前20名分布	5	8		1		2			1		1	1		
前50名分布	13	18	4	2	1	3		1	1	1	1	1	1	1

注：排名第15位的鸿海精密工业股份有限公司首席执行官郭台铭和排名第31位的美高梅中国主席、信德集团董事总经理何超琼没有统计在内。

三是缺乏具有较强行业影响力的品牌。以世界品牌实验室发布的"亚洲品牌500强"数据为例,在2015年的榜单中,中国大陆共入围232家企业,占46.4%,在入围的中国企业中,上海企业只有17家,其中,上海汽车品牌仅列第63位,且入围品牌大部分是国有企业品牌。BrandZ中国100强排名中,上海仅12家企业入围[①];Interbrand 2017年中国最佳品牌50强排名中,上海仅6家企业入围[②];Brand Finance发布2016年全球最具价值品牌500强榜中,中国有15个品牌进入前100名,没有一家上海企业;2016年全球科技品牌百强的中国大陆15个品牌中没有一家上海企业。

(四)科技成果转化过程中"最后一公里"的问题仍然未能解决

一是"双创"政策之间仍然缺乏协调和无缝对接。在对"双创"的支持方面虽然各区县各部门都出台了一系列的支持政策,但是众多的支持政策涉及的职能部门和关联单位太多,部分部门之间的职能相互交叉,政策的

---

① 这12家企业是交通银行(第20位)、太保(第22位)、东航(第28位)、携程(第44位)、光明(第49位)、老凤祥(第60位)、如家(第66位)、美特斯邦威(第73位)、中华牙膏(第90位)、锦江之星(第94位)、1号店(第95位)、永和大王(第99位)。
② 这五家企业为太保(第15位)、交通银行(第16位)、浦发银行(第17位)、携程(第40位)、上汽集团(第46位)。

整合难度较大,资源配置上难以形成合力,资金配置的效率也不高。创业创新服务模式比较单一,且目前大部分众创空间规模小、力量散,也在一定程度上制约了中小微企业的创业创新。"双创"下产生的新产业需要新的经营模式和新的管理办法,但目前的很多监管政策仍然按照传统模式进行监管和引导。如很多"双创"企业的成长过程中,我们解决了初创企业的天使投资和早期 A 轮的融资问题,但是对后续融资(如 B 轮等)的融资问题的解决存在衔接"断点"问题,这就严重阻碍了"双创"企业的后续成长。此外,政府采购等支持"双创"的问题也没有根本解决。

二是科研人员创业的积极性仍然难以调动起来,科研与创业"两张皮"的状况仍然很难突破。这一方面是由于高校和科研院所的考核机制尚没有与原有的办法完全脱钩,同时,科研人员创业所使用的技术、专利成果的认定、估值和收益分配等都缺乏具体可供操作的细则和方法,从而造成在相关部门的文件与高校科研院所对接上"最后一公里"的脱钩,政策难以在基层得到落实。此外,如何将科研人员的研发成果与市场需求结合起来仍然缺乏有效的手段。由于大部分科研人员懂的只是技术,对市场和生产本身并不熟悉,加上上海高昂的创新创业成本,必然让性格保守的体制内科研人员很难下定决心进行创业活动。因此,高校如何在创业和科研中进行有效平衡,让对教学和科研有成就感的科研人员安心教学,同时,让有创业理想的科研人员放开限制,从而鼓励创业、做好创业激励,还需要进一步细化操作细则与具体的管理办法。

三是科技转化市场平台多而不强,难以形成科技转化的合力。近年来,上海先后成立了一系列的促进知识产权或者技术交易的市场平台,但上海在全国技术市场中的地位却每况愈下。从 2010—2015 年,全国技术市场交易的合同数和成交额从全国第二位下降到第五位。2010 年,上海技术市场成交额是江苏的 1.8 倍,而到 2015 年江苏交易合同数和交易额均已超过上海。上海技术市场占全国的比重也从 2010 年的 11.04% 下降到 2015 年的 7.2%,几乎按照年均 0.8 个百分点的速度快速下降。此外,上海专利转化率较低[①]，这与美国规定的政府财政投入的科研院所30%研发科技项目要为中小企业需求服务的目标比较远(该指标可近似视为美国专利转化率的最低要求)。

(五) 科技创新的基础性环境问题短期内难以从根本上解决

科技创新离不开"通过人"和"为了人"两个方面，因此科技创新的城市环境显得尤为重要，它不仅是吸引科技创新人才的重要因素，还成为检验绿色科技创新、营造美好生活环境的重要标志。但是，目前上海创新的基础环境问题很难在短期内从根本上解决，主要原因如下。

一是土地成本高企到来的企业商务成本问题直接影响到企业的创业和创新。作为中国最大城市，土地资源短缺导致上海的商务成本高企，房价、商务成本对初创期企业、成长型人才"挤出效应"加剧。根据中国房地产协会的数据显示，截至2016年8月底，上海的房价为44 750元/平方米，单位房价仅次于北京和深圳，是南京的2倍、杭州的2.37倍、苏州的3.01倍、无锡的5.25倍。房价的高企导致上海的房租的平均价格是南京的1.75倍、杭州的1.56倍、苏州的2.48倍、无锡的3.26倍。除房价外，上海"五险一金"的比例也居全国第二，其中个人缴纳10.5%，企业要缴纳35%，这也加剧了企业的商务成本负担。商务成本的问题直接造成了企业负担过重，在很大程度上影响了上海的创新能力和初创企业的成长。

二是与科技创新相关的基础设施方面与发达国家的科技创新中心差距仍然明显。研发能力的发挥需要充分利用本土的科技创新基础设施，以实现区域及全球的科技创新资源的紧密联系。虽然上海的科技创新基础设施资源在国内居于领先水平，但与国际先进地区尚有差距。如以上海的信息化基础设施为例，信息化基础设施是实现知识在国家和地区有效传播的重要载体，上海在这方面的投入力度也非常大，在2016年的中国信息化

[①] 根据2010年公布的一个数据，上海的专利转化率只有10%，此后再无公开数据。另，教育部的一项研究成果表明，高校的科技成果转化率不足5%，所以估计上海高校的专利转化率也不会太高。由于专利转化率基本是估算，未必非常准确。

发展水平评估中居全国第一位。2015年《亚太知识竞争力指数报告》显示，上海的千人宽带上网人数在亚太地区仅排名第12位，安全服务器的排名甚至只有第19位。截至2014年，上海互联网用户普及率只有76.8%，家庭宽带接入用户普及率69.7%，也落后于发达国家水平。由于上海城乡二元结构的存在，上海信息化基础设施在城乡之间差距较大，郊区信息化网络的覆盖率偏低[1]。

三是与产业有关的民生基础配套设施与产业集聚区分布不均衡。上海大部分制造业产业园区分布在郊区，但上海大部分的教育和医疗卫生资源却分布在市区。2014年，上海市区普通中学的师生比约为10.2，郊区约为11.4，市区与郊区差距不明显，但是在教育质量上则差距非常显著。在上海公布的57所示范性高中中，有39所分布在市区，仅18所分布在郊区。同样，从每万人拥有的病床数和医生数来看，市区的优势也非常明显，如黄浦区分别为157张和90人，静安区分别为263.8张和139人，而松江区只有24.9张和13人，数量差距非常明显。同时，质量差距就更加明显，上海的55家三级甲等医院中，只有8家分布在浦东、金山和松江[2]。

二、原因分析

（一）在思想观念上存在"五重五轻"的问题

一是"重大轻小"，仍然将更多的力量、更多的资源投向重大项目、重点企业和重要产业，往往轻视了中小企业和草根创新的需求，忽视了对民营企业和小微企业，特别是中小型科技型企业的发展。

二是"重外企重国企轻民企"。民营企业在上海经济格局中处于明

---

[1] 如从公布宽带入户数的嘉定的情况来看，按照其2014年宽带入户数29万户，全部常住人口156.62万人，每户人口按3人统计，其宽带入户率只有57%左右，低于上海平均水平。而嘉定区在上海属于信息化建设较好的区，崇明、金山、奉贤、青浦的宽带入户率可能更低。
[2] 这八家医院中，浦东的仁济医院、东方医院和第七人民医院所分布的区域应属于浦东新区核心区的市区部分，如果不算上述3家医院的话，郊区仅有5家三级医院。

显的弱势地位，影响了上海民间的创业创新活力。随着资源不断向国企或外企集中，创新效率越来越差。如上海高新技术产业主要以外资为主，其产值在2014年达到87.1%，内资仅占11.1%，且内资又主要以国有企业为主。但是，外资企业具有核心竞争力的技术溢出现象非常有限，国有企业的创新动力又难以激发，这在很大程度上影响了民营企业的创新活力和动力。

三是"重管理轻服务"。当前，科技创新产业发展的特点是生产方式和产业组织方式的多样性，经济增长动力构成更加分散而多元化，组织形态和业务模式越来越难以遵循传统模式与特征，其行业特征也呈现出"万花筒式"的发展特点，其所有制特征上呈现出以民营经济和中小企业为主体的鲜明特点，政府原有的以"主动选择"的管理做法已经难以落实，需要从"管理"转变为提供全方位的"服务"，通过营造良好的发展环境，发现、培育新业态和潜在的新增长点，为相关的生产与涉及创意、创新技术及其转化为商业运作的制造与服务活动提供便利，消除制度上的约束，并对有发展潜力的创新技术提供助推其孵化的资金扶持。

四是"重物理空间的集聚轻系统功能的集聚"。产业革命和全球城市发展的一个重要趋势就是城市逐渐由物理空间上的产业集聚向功能整合和配置能力的综合性、系统性能力集聚转变，原有的城市发展中的资源配置、生产布局、服务外包、知识流动的功能，从贸易网络、生产网络走向创新网络转变，更体现为对上述资源功能整合的综合竞争力、控制力和全球影响力，成为全球重要的网络枢纽城市。但我们仍然更多地停留在总量集聚的层面而忽视质量和结构层面的功能整合。由于体制上的问题，大部分园区的重点仍然在招商引资上，往往不重视城区建设、经济与社会协调，也不太重视创新创业和培育本土高科技企业引擎。

五是人才评价机制上的"重学历轻能力"。目前，上海的核心人才评价机制没有体现市场导向，重学历、资历而轻能力、业绩，重个人而轻团队，对应用型、技术性人才也强调论文等指标。

（二）科技创新链的衔接上存在体制机制上的"五个阻断"

一是科技创新与产业创新之间的阻断。技术突破和成果转化与商业模式创新和市场推广之间缺乏必要的链接，新产品和新技术的产业化、市场化能力不强。

二是基础创新与技术转化之间的阻断。由于评价机制的差异，高校和科研院所的科研成果往往是为了评职称或课题结题，而地方政府也有可能不自觉地用财政资助的方式来获取专利申请排名的攀升，把它当成了政绩或形象工程，这就导致上海的专利数量高，但很多专利根本没有变为实际的应用，或者没有变成很好的产品和服务。高校和研究机构的重点研究方向与上海重点产业领域的关键核心技术之间缺乏关联互动，缺乏有效的服务体系支撑，导致上海的技术成果到外地转化，上海技术主要来源于国外。

三是国有大企业和外资企业服务产业链作用的阻断。上海重点产业领域的技术创新以国有大企业和外资企业为主导，创新循环比较封闭，辐射带动作用弱。受制于现有国资管理体制和考核方式（受5年任命制、年盈利水平考核等硬条件制约），国企创新动力明显不足。而外企游离在国家科技创新战略实施之外，主要是针对中国市场开发的适应性技术创新，集中在产品外形、适用性等方面的改进，不涉及核心技术，创新外溢性不强，与上海本地产业发展的关联性不强。

四是创新服务中小企业领域的政策上的阻断。上海更注重把国内外有名的企业搬过来，而深圳、北京是把本土民营小微企业培育壮大，成长为自主创新的领军企业。这就导致了上海在支持创新型中小企业成长方面服务滞后，"草根"型创新发展成为明显短板。孵化转化服务链之间阻断，缺乏一站式服务机构且服务质量有待提高。

五是部门支持科技创新政策之间的阻断。由于上海的科技创新活动与产业创新活动牵涉到的部门比较广，因此往往涉及的政策比较多，虽然从顶层设计方面上海已经明确了以改革创新推动上海科创中心建设的思路方针，但是在具体的操作细节层面上，往往难以在短期内落实，且由于部门之间在推进进度上快慢不一,甚至形成部门之间政策互相打架的现象发生。现在很多企业整体对上海"科创22条"缺少感觉,更对自贸区制度创新缺少感觉,自贸区的所谓开放创新与企业发展缺少联系,负面清单和备案制并没有提高政府办事效率,也不是企业的核心需求,而且,根本原因在于瓶颈问题没有一个部门站出来予以突破,缺少担当和解决问题的机制。应该落实的部门没权,落不了地,有权的部门不了解,也没有办法去操作。因为缺少协调,互相之间是割裂的、割断的。

(三)创新资源配置服务体系方面存在"四个不完善"

一是政府财税支持制度设计上的不完善。一方面在财税支持相关政策制定中往往没有考虑处于不同生命周期企业的不同特点,导致政府出台的很多看似体贴的政策根本就不在点上,创业创新的新经济模式与政策制度之间产生较大落差。另一方面是财税制度在实施过程中操作的弹性空间太大,且并不透明公正,导致大量浪费的现象时有发生。加上政府科技创新投入管理分割零散,缺乏统筹联动。2015年,市级政府财政科技投入129.1亿元,分散在科技、经信、国资、发改、教育、知识产权等部门,科技类专项资金超过18个,交叉重叠,缺乏协同,存在企业多头申报、重复立项的情况,造成了科技资源配置的分散和浪费。

二是金融支持科技型中小企业发展的体系不完善。金融在产学研转化过程中的纽带作用还不明显;传统金融重抵押的借贷方式不适合轻资产的科技型企业,而既懂金融又懂科技的人才缺乏。金融机构和创业风险投资机构中科技支行服务效率低下,而科技小贷公司资金能力有限,且政策限制较多。如知识产权质押贷款早已出现,但是由于缺乏相关的评估、流转、担保、贴息等政策支持和完善的运作平台、操作规程、风险补偿政策支持和专家库等配套服务,目前仍然难以全面推开。

三是科技资源和信息的共享服务体系不完善,在资源整合方面缺乏有效的资源共享运作机制。科研单位形成的科技成果,需要从市一级往上逐级报备,使用、处置、收益的自主权范围仍然较低,向科研单位放权的政策目前尚未真正落实,科研团队在科技成果转化过程中的主体地位仍然难以体现。

四是创新型人才的培育、评价、引进和集聚政策体系不完善,对创新型人才的培育能力较弱且评价体系存在错位,人事管理制度和收入分配制度不合理,影响创新人才的集聚和成长。虽然上海初步形成了居住证积分、居住证转办常住户口、户籍人才引进的政策体系,基本满足了本市经济社会发展对人才的需求,但目前户籍和居住证积分政策中的市场发现、市场评价、市场认可的引才机制未得到充分发挥,对创新创业人才倾斜度不大,国内人才进入上海的门槛还比较高。户籍政策中以学历、资历等作为主要评估要素的机制仍然没有被打破。

(四)在创新环境建设方面存在"四个明显不足"

一是科技中介服务能力上明显不足,一些科技中介机构无论是在机构内部的管理还是外部的市场运作上均存在着不同程度的混乱,科技金融中介机构也效率低下。由于体制机制上大部分科技服务中介机构都是事业单位性质,因此很难吸引高素质的专业科技中介服务人才,而人才的缺失进一步造成科技服务机构服务能力上的不足。

二是创新文化氛围建设明显不足,包括缺乏对创新创业企业的文化包容性;城市空间商业色彩浓,文化气味相对不足;人际交往中市场味道浓,人文关怀相对不足;文化管理中条线色彩浓,条块合力相对不足。

三是知识产权的保护能力明显不足,一些高新技术产业化主体对知识产权保护以及专利转化制度的法律、法规了解不够,不善于充分利用知识产权法律与制度保护自己的成果。在缺乏良好的知识产权保护环境下,科技工作者知识产权被侵害的情况屡屡发生。

四是相关法律体系建设和配套政策明显不足,现有的在知识产权保护、风险投资保障和知识产权证券化和质押管理等方面的法律制度还不够完善。一些与科技创新有关的法律法规需要调整,这也在一定程度上影响到上海的创新进程。在实践中,一些过时的法律法规仍在实行。此外,还需在更大范围内建立清晰、易于理解的科研机构向产业界转让技术的法律体系。

第三节 对策建议

在未来上海经济社会发展过程中,科技创新是上海的基础和动力源泉,因此,借助具有全球影响力的科技创新中心契机来推动上海的转型升级是未来上海发展的核心环节。为此,上海需要从以下八个方面入手,进一步解放思想,进一步解放和发展生产力,通过"加快体制机制创新步伐","开展技术创新、体制机制创新、管理创新、模式创新","进一步激发市场活力和增强社会创造力",推动科技创新发展。

一、把握五大机遇,形成重点突破

一是把握好上海全球有影响力的科技创新中心的机遇。要以全球有影响力的科技创新中心为抓手,牢牢把握科技进步的大方向,牢牢把握产业革命大趋势,要坚持产业化导向,注重以重大科技攻关项目、重大技术应用项目为引领,瞄准未来科技前沿领域的重大变革,选择具有突破潜力、具有科技制高点和重大应用前景的航空、航天、数字应用基础设备研发等重大科技项目的研发,促进跨学科、跨领域的科技创新,组织科技人员集体攻关,实现基础理论、关键设备、生产应用等方面的集团性重点突破,并由此带动关联产业的创新和发展。

二是自贸区建设带来的对外开放前沿机遇。2014年,中央在上海设立自贸区是我国对外开放的新突破口,它不仅将在对外开放上形成新突破,而且将通过开放推进体制机制的改革,形成可复制、可推广的全国改革开放的新模式。因此,上海也成了中国改革开放的最前沿。上海自贸区的建设将为上海国际科技创新中心的建设带来更多的对外开放契机、制度创新先行先试以及吸引更多外资、先进技术和管理经验等的先发优势。而未来科技发展的趋势将是科技创新的要素在全球性范围内的配置和优化，各国科技发展的相互依存关系不断加强。因此，上海不能关起门来"闭门造车"，必须将自主创新切入到全球创新链中，通过借助自贸区建设的契机，积极参与全球范围内科技资源的优化组合，集成全球优势要素，形成上海科技创新的全球竞争力和可持续增长能力。

三是抓住长江三角洲世界级城市群建设的契机，打造科技创新与人民生活水平密切结合的新载体。要把科技创新与上海和长三角的城市建设结合起来，一方面要借助长三角城市群建设的契机，与江浙皖等地区共建内聚外合的开放型创新网络，在强化上海创新思想策源、知识创造、要素集散等功能，加快张江国家自主创新示范区建的同时，围绕上海原始创新能力和技术服务能力的提升，推进创新链、产业链深度融合。另一方面，在长三角城市的交通、信息、能源、水利等基础设施建设中，加强对生态环保、信息网络和服务、能源安全与保障等先进科学技术的应用，从而构建布局合理、设施配套、功能完善、安全高效的现代基础设施网络，提升基础设施互联互通和服务水平。

四是充分发挥市场经济改革带来的科技要素资源配置中的决定性机遇。党的十八届三中全会将社会主义市场经济改革方向作为未来经济体制改革的重点内容之一，明确提出要"使市场在资源配置中起决定性作用"，要通过深化经济体制改革，坚持和完善基本经济制度，加快完善现代市场体系、宏观调控体系、开放型经济体系，加快转变经济发展方式，加快建设创新型国家，推动经济更有效率、更加公平、更可持续发展。因此，上海在科技创新制度上重点需要处理好政府和市场的关系，充分发挥市场在科技资源配置中的决定性作用，从而在体制机制上形成突破。

五是充分抓住上海"文化大都市"建设的契机，打造科技创新创业文化。2011年，上海就提出至2020年建成国际文化大都市的目标，并加快了现代公共文化服务体系建设，进行全面部署。上海文化大都市建设中的一个重要内容就是要发挥文化知识创新、智力创造的作用,弘扬以改革创新为核心的时代精神。因此,在上海文化大都市建设中,要时刻将科技创新和创业的精神和文化建设注入其中。一方面要努力改善城市的文化环境和生态环境,形成文化交融、思想汇聚、绿色创新的新的城市创新创业的文化精神内核。同时,要形成鼓励创新、推动创新、支持创新和包容创新的文化氛围,让科技创新与上海的经济社会发展真正合二为一。

二、明晰科研产权,加快体制改革步伐

要大力破除制约创新的体制机制瓶颈,进一步完善符合科技进步规律的体制机制和法制。

一是要完善科研成果的产权制度。要在尊重科研人员的科研成果、明晰科学技术研发和应用过程中各行为主体所有权的基础上,健全完善期权、技术入股、股权、分红权等多种形式的激励机制,鼓励科研机构与高校科研人员大力从事职务发明创造,完善高校与科研机构知识产权转移转化的利益保障与实现机制。在张江于股权激励、分红激励、绩效和增值权奖励、科研成果入股等一系列成功经验的基础上,逐渐向全市推广和实施。

二是要进一步突出企业的技术创新主体地位,建立政企之间的新型伙伴关系。使企业真正成为技术创新决策、研发投入、科研组织、成果转化的主体,变"要我创新"为"我要创新"。要打破政府与企业之间的上下级关系的模式,建立基于科技研发和创新的政企新型伙伴关系,全力支持各类企业的创新创业。既要支持跨国企业研发中心创新成果本土示范应用和产业化,支持国有企业从要素驱动转向创新驱动,也要支持民营企业转型发展的二次创业,支持大众创新创业,在科技、人才、资本、互联网和市场的聚合中做大做强。

三是要加快政府职能转变,让市场发挥决定性作用,建立创新链的政府创新投入管理机制,形成主要由市场决定技术创新项目和经费分配、评价

机制;建立支持自主创新的政府采购规则,增加政府对首台的采购或补贴力度;形成要素价格倒逼机制,促使企业向依靠创新竞争转变;打破行业垄断和市场分割,研究反垄断、反不正当竞争相关政策机制。

三、聚焦重点产业、区域和园区建设

瞄准世界科技前沿领域和顶级水平,进一步聚焦一批重大科技创新工程和创新产业项目。

一是在产业上重点聚焦"三经济一制造"的十大领域,即平台经济、绿色经济、健康经济和智能制造四类产业部门,具体包括新型显示、新能源、海洋工程、新能源汽车、智能制造、卫星导航、航空发动机及燃气轮机、网络信息安全、高端医疗装备、大数据、新材料。

二是在空间上根据不同地区特点,聚焦重点区域,定位不同产业,围绕各区自身的创新资源禀赋,形成科技创新的"中心—外围"功能布局。浦东张江、外高桥和临港地区围绕国家自主创新示范区和自贸试验区的建设开展科技创新。其中,张江主要立足于原始创新,重点解决上海科技原创能力不强、创新活动和成果转化不足等问题;临港定位于"国际智能制造中心",解决上海重大创新工程装备问题;外高桥定位为"保税型研发功能集聚区"。闵行、宝山、闸北等近郊地区定位为科技商务区。其中,宝山主要发展高端制造、生产性服务业和大数据、平台经济、移动互联网等技术服务型产业,积极打造"产业互联网"基地;闵行则可以依托交大、华师大等高校优势,积极发展集成电路与软件、新能源、航空、数字内容、新材料和生命科学等高新技术产业;闸北区充分借助市北高新技术产业园区形成的在亚太数据港、国家基础软件园以及云计算中心方面的先发优势打造总部研发型经济。嘉定、青浦、松江、奉贤、金山、崇明等远郊区重点发展以高端装备制造业为核心的"四新"经济,打造"四新经济"集聚区。其中,嘉定聚焦形成集成电路及物联网、新能源汽车及汽车智能化、高性能医疗设备及精准医疗、智能制造及机器人四大产业集群；松江重点发展3D打印技术、微电子产业和物联网新技术；青浦、奉贤、金山、崇明等区域则立足自身特征，通过积极支持中小型科技企业发展，大力扶持"专精特新"，企业借助"互联网+"实现转型升级，打造"四新经济"集聚区。

三是围绕张江国家科学中心建设加强重点园区间的互动，形成"一城两翼四线(廊)多点"的空间布局。其中，"一城"是指以张江核心区为主要空间形态的"张江科技城"，"两翼"指借助杨浦科技园和徐汇、闵行地区漕河泾开发区、闵行开发区、紫竹开发区等的高校基础研发优势，积极带动周边近郊的创新发展，以教育体制改革突破高校体制壁垒，构建多种模式的创新资源开放共享机制，打造知识技术策源的高地、技术转移集聚的高地和新兴产业孵化的高地。"四线(廊)"则是依托上述三个重点区域和虹桥开发区建设以及张江高科下属"22分园"形成的产业优势，逐渐形成以轨道交通线、高速公路主干道为链接的科技创新长廊(线)，具体包括："东线"以张江核心区为核心，向北沿6号线延伸，向南沿16号线延伸至临港，形成连接张江金桥园、金山园、临港园在内的科技创新"长廊"；"南线"以闵行和徐汇为核心，整合地铁9号线、5号线和沪杭高速沿线园区，形成串联漕河泾开发区、徐汇园、松江园、闵行(莘庄)园等在内的科技创新"廊线"；"西线"则是以大虹桥开发区为核心，沿地铁11号线、沪宁高速沿线及在建的17号线带动张江青浦园、嘉定园的发展，并形成对昆山、苏州至南京的辐射；"北线"则以杨浦国家高新技术产业园区建设为核心，带动沿线外高桥、张江闸北园、宝山园、崇明园等区域的发展。"多点"是指非上述"廊线"区域上的地区，布局一批低成本、便利化、全要素、开放式的"众创空间"，形成以科技创新为主导的科技创新小镇。

四、聚焦创业带动创新，激发民间资本活力

李克强总理明确提出，要建立全民创新的国家，就需要"让每个有创业愿望的人都有自主创业的空间，让创新、创造的血液在全社会自由流动，让自

主发展的精神在人民当中蔚然成风。借改革创新的东风,在中国960万平方公里的大地上掀起一个大众创业、草根创业的新浪潮"。

一是要以政府效率提升弥补商务成本高企的问题。一方面要积极通过政府职能的转变来降低企业的制度性交易成本,在积极推广浦东新区"证照分离"的先进经验基础上,创新政府服务管理方式,加快建设政府服务"单一窗口",提升政府办事效率。部门审批事项全部接入市级网上政务大厅,新增一批网上办事和服务事项,基本建成区县网上政务大厅。

二是从政府层面首先降低企业税费负担。一方面继续落实"营改增"试点扩围等税收政策,加大结构性减税力度,并进一步落实税收优惠政策,降低小微企业税费负担。同时,清理行政事业性收费、调整优化社保费率、降低能源资源成本等举措,按国家规定的下限执行,同时对本地政府定价、政府指导价管理的行政事业性收费项目进行全面清理和整合,并将更新后的涉企行政事业性收费、政府性基金等目录清单向社会公布。

三是引入民间资本,降低企业融资成本。在清理不合理金融服务收费的同时,拓宽企业融资渠道。促进私募股权和创投基金发展,扩大政府天使投资引导基金规模,成立中小微企业政策性融资担保基金。鼓励商业银行对中小微企业贷款给予优惠利率。

四是在调低"五险一金"费率的基础上研究险费归并或精简的有效途径。在降低工伤和生育保险费率的基础上进一步精简归并"五险一金",降低整体社会保险缴费率,对企业的缴费期限进行调整。

五、聚焦"五大创新体系"建设

要加快上海科技创新体系建设,需要打破传统的成果转化中"一棒接一棒"的接力式科技创新成果转化过程,避免各环节之间相互割裂、信息不对称和资源分散。要树立全创新链条的成果转化理念,开拓系统工程和体系化的思维,实现成果转化各环节的充分整合,让产业参与到科技创新成果的筛选、知识产权保障、技术转移、商业开发等技术产业化的各个环节中去,从科技研发的前期、中期、后期全方位地融入创新过程,并以此提供战略咨询、资金支持、企业运营等全方位服务。围绕这个过程,上海需要建立相应的创新合作协同体系、市场主导的创新体系、中小企业创新扶持体系、需求主导的创新激励政策体系以及财税金融支持政策体系建设等五大体系。

一是要构建开放的创新合作协同体系。加强国内外科技合作与交流,逐步建立和完善科技管理新型关系,加强区域联动,进一步创新区域科技合作机制,合力推进长三角区域重大基础设施一体化建设,加快长三角区域产业结构优化升级和一体化发展。积极参与国际重大科技计划,在政府间合作协议框架下实施双边或多边科技合作项目。

二是构建市场需求主导的创新体系。可以考虑借鉴美国模式,在科研机构的基础研发中设置一定比例(如30%)的与产业界相结合的科研创新项目考评标准或者相关指标,从而推动科研机构与企业在创新产品研发领域的合作模式。

三是需求主导的创新激励政策体系。以市场作为评价科研创新成果的重要标准之一,制定鼓励高校、研究机构与企业加强合作推进技术攻关的支持政策,制定高校、研究机构与企业相关成果产业化分红比例,发挥共同促进技术攻关的作用。

四是要构建中小企业创新扶持体系,要根据企业成长不同阶段设置多个有针对性的科技型中小企业扶持计划,提高扶持政策的精准程度和保证配套服务的及时有效。

五是建立财税金融支持政策体系建设,完善科技中介组织建设、技术服务平台建设和科技金融服务体系等的建设。

六、聚焦市场体系的建设

积极发挥市场在技术评价中的积极作用,在建立健全知识产权保障体系的同时,推进技术交易市场的建设。

一是要进一步完善知识产权相关制度建设,增强对知识产权的保护,从法律上维护技术创新者的合法权益;同时,建立专业化的知识产权司法救济机制,让法律真正起到保护创新者、惩戒侵权人的作用。

二是要加强和推进技术交易市场建设,使技术交易在一个公正、公开、公平的环境下形成信息、资金集聚,实现其合理定价的目标,并提高交易匹配效率。在市场建设中,要积极引入民间资本,为公共资金降低投资风险、后续回收投资起到积极推动作用。

三是积极推动各类技术服务中介机构的公司化改造。一方面要加大对与技术交易有关的法律、评估、会计等中介服务类机构财政和税收等方面的支持力度,同时要借助当前事业单位和国有企业改革的契机,按照市场化的需求,加快对中介服务机构的公司化改造,完善市场体制,增强中介服务机构的市场活力。

四是要加大对科技成果转化的优秀的复合人才的培养和支持力度。科技成果转化是一项高度专业化的工作,即便已经建立起新型的转化模式、流程和组织框架,具体的转化工作仍有赖于深谙技术又了解创业投资、知识产权等领域相关知识,并且擅长谈判的复合型人才,这些人才往往需要具备技术研发、创业投资、企业经营等领域的专业技能和丰富经验。因此,一方面要加大对这部分人才的引进力度,另一方面要积极培养相关人才。

七、聚焦带动与示范效应

一是要着力全球研发总部的引进,吸引更多的境外资本在上海投资研发。同时,通过进一步加强与国内外其他地区的跨区域、跨国的科技合作,构建多中心的国内外科技创新协同网络,通过积极参与跨国重大创新活动和国际技术交易市场建设,从功能协同、空间协同、区域协同和人文协同四个层面,构建基于国内外广大技术研发和应用的科技创新腹地,为成为全球科技创新中心奠定丰富的物质基础和市场基础。

二是要注重对创新型领军人才的引进与培育。要紧紧围绕上海"专精特新"企业和"四新经济"企业和企业家的培育,从人才政策和资源的配置、企业家的培育和成长、配套政策和职业技术人才的培养等方面加大支持力度。同时,需要加大对民营企业,特别是广大创业型中小微企业的重视程度,通过积极培育中小企业市场需求和技术应用等方式,率先形成创新技术推广应用和示范基地,提升民间资本的创新活力。

三是要加强品牌和商标建设。要在尊重品牌建设的客观规律的基础上,从品牌设计到法律保护,从使用管理到营销战略等各个方面来推动和实施品牌战略,鼓励企业打造强势品牌和著名商标,提升企业的竞争力和产品附加值。

八、聚焦创新人才培育和引进

一是要变革传统教育模式,培养出更多的行业创新人才,通过营造良好的科研环境,吸引更多的海外学子学成归国,建立有利于吸引高端人才的户籍管理制度,如科技创新型人才的资格认定等,为上海创立全球性的科技创新中心储备更多的优秀人才。

二是要加大对创新人才的政策支持,从科研奖励和财政税收等方面加大对科技创新人才的支持力度。同时,鼓励科技人才合理有序地流动,让广大科技工作者能够根据自身的研究特长以及企业、研究机构的需求自由地流动。

三是要加大对海外人才来沪创新创业的支持力度,积极向国家争取实施海外人才技术移民制度试点;放宽技术绿卡发放门槛;争取公安部授权本市审批中国绿卡;修订海外人才居住证管理办法,赋予身份证同等效力,允许单独使用,享受相关市民待遇。

第三章 推进更高层次国际创新合作的有效模式及其机制研究

经济全球化带动研发国际化迅猛发展,国际科技合作加快了科技创新资源在全球范围内的整合和有效配置,改变了传统的科研组织结构和创新方式,正逐步成为大国外交和国际博弈的重要筹码。加快科技创新发展、提高自主创新能力,应以全球视野来谋划和推动创新,既需要依靠自身力量,也可通过开展广泛的国际合作来充分吸收利用全球创新资源。

当前,上海正处于创新驱动发展、经济转型升级的关键时期,中央要求上海加快向具有全球影响力的科技创新中心进军,继续当好改革开放的排头兵和科学发展的先行者。国际科技合作是上海形成和凸显全球影响力的重要途径,作为全球科技创新中心城市,上海理应在全国国际科技创新合作格局中发挥率先、示范、探索作用。上海深化国际科技创新合作有利于充分整合利用国内外资源,率先增强自主创新能力,加快建设具有全球影响力的科技创新中心,打造创新型城市升级版。

第一节 上海国际创新合作的方式与效果

习近平总书记在中央政治局第九次集体学习时曾强调要"着力扩大科技开放合作,要深化国际交流合作,充分利用全球创新资源,在更高起点上推进自主创新"。自提出建设全球科创中心的目标以来,上海根据创新型城市建设、创新型经济发展，立足于"全球资源为我所用"，大力集聚全球高端研发机构与世界500强企业，引进优质、高端、重大项目，带动国外技术资源和产业资源引进，促进国际优质高端人才配套集聚，推动上海科技创新人才资源与国际接轨，提升城市的国际竞争力。

一、现有国际创新合作的主要方式

（一）国际技术贸易

随着科技全球化步伐的不断加快，技术领域国际分工日益细化，发展技术贸易、吸收其他国家先进技术已成为上海乃至中国推动产业和贸易升级、融入全球价值链的有效途径。上海的技术贸易无论在体量上还是技术含量上，都处于全国领先地位。截至2015年，上海已与132个国家建立了技术贸易联系，技术贸易已从最初的成套设备、生产线为主向专利技术、专有技术许可、合作研发等转变，技术贸易已成为上海创新型城市建设的重要助推器和加速器。

在这一背景下，上海最大的专项国际技术贸易平台——中国（上海）国际技术进出口交易会（上交会）被赋予了新的内涵与使命，"科创中心22条"意见中也明确指出要用好上交会平台。上交会是经国务院批准的我国首个国家级、国际性、专业型的技术贸易展会，积极服务于"一带一路"倡议和科创中心要求，在全球科技交流、技术资本碰撞、技术交易服务、专业创新研究等多方面进行探索和交流。一是借助上交会，科技强国提速对华交流。意大利以"智慧城市"为主题，集中展示城市特色、农业机械等亮点项目和先进科技；英中贸易协会选出40多个英国项目、8家企业到现场与中国企业家对接，覆盖生物医疗、节能、互联网、通讯等科技领域。二是聚焦技术贸易的长期服务与有效落地，在会展期以外积极推进日常技术贸易促进工作，包括打造"外经论道"品牌论坛活动，以促进对外经济科技合作交流为宗旨，每次活动聚焦于境外国家的1—2个重点技术领域，邀请外方政要、企业嘉宾等,介绍各国技术贸易发展环境与政策,以实现短期科创资源集聚、长期技术促进服务的双翼联动。三是突出国家间技术与资本的紧密结合,通过举办"中意经贸科技专场对接会""中英科技创新合作论坛暨投资项目对接会""寻找中国好项目"投融资评选大赛等活动促进技术与资本对接。

(二)跨国公司投资

上海已成为跨国公司全球战略布局和协同体系的核心之一。2015年底,落户上海的525家外资跨国公司地区总部累计对华投资总额超过365亿美元,年营业收入高达5 100多亿元人民币,年纳税总额超过320亿元人民币。

跨国公司联合上海机构协同创新的意识越来越强。随着投资质量和规模进一步提升,跨国公司与上海高校、科研机构、政府密切合作,进行科技研发的案例不断增多,如西门子医疗携手上海卫生机构共建的国内首家、全球第三家质子重离子医院、GE航空中国工程团队开发出中国自主知识产权的ARJ21支线飞机项目、德国制药巨头Boehringer-Ingelheim与上海张江生物医药基地开发有限公司合作建设的中国第一个且目前唯一的具有国际标准的生物制药基地和首个产品与百济神州合作研发的免疫抗肿瘤新药、3M(Minnesota Mining and Manufacturing)中国研发中心发明的增亮膜技术已被世界上30%显示器采用等。

上海已成为跨国公司在华科技创新研发活动最具活力的城市。由于集聚了一批跨国公司研发机构,上海在跨国公司在华研发战略布局版图中地位超群。上海吸引了全国外资机构总数的1/4和世界500强所设研发机构的1/3,大型跨国公司在华的全球性和区域性研发中心绝大部分位于上海。截至2015年9月底,外商在沪已设立跨国公司地区总部525家,其中亚太区总部38家、投资性公司307家、研发中心391家。世界500强企业在沪设立的研发机构已达120余家,占在沪各类跨国公司研发机构总量的40%;仅在张江落户的跨国公司亚太研发总部企业已达44家,居全国之首。

跨国企业已成为上海科技创新的重要力量之一,在上海的创新驱动、转型发展、深化改革、扩大开放进程中均发挥了良好作用。通过跨国企业投资的技术外溢与合作,本土企业可获得创新发展的国际经验,推动具有上海特色的科创能力的培养,提升上海在国际舞台上的科技创新竞争力。

(三)国际科技会议、论坛与展览

国际学术会议方面,据国际会议与大会协会(ICCA)统计,2014年上海举办国际专业学术协会会议72个,世界排名第29位,同2013年比上升6位。通过举办国际科技会议,不仅可以将国内科技新成果展示给国际同行,扩大国际影响力,而且能够将国内科学家推向国际舞台,得到国际同领域专业认可,进一步拓展合作空间。所以,很多国际合作研究计划的酝酿往往是从国际科技会议开始——通过科学家之间广泛深入交流,有可能找到共同感兴趣的研究方向,从而催生双边或多边国际科技合作意向或项目。

国际创新论坛方面,以上海"浦江创新论坛"为代表的高层次、开放式、国际化科技创新论坛正致力于搭建多维度的国际创新发展交流平台。其中影响最大的"浦江创新论坛"由中华人民共和国科学技术部和上海市人民政府共同主办,始终围绕"创新"主题,以前瞻性、战略性创新理论与政策学术研究为导向,聚焦创新驱动战略,洞悉产业变革风云,关注创新体系建设。自2008年创办以来,"浦江创新论坛"邀请上百位来自全球的政坛精英、企业巨头和学界巨匠,围绕国际国内创新领域中的各类热点问题展开深度交流探讨,形成了一批对经济发展和创新具有突出价值的深刻见解。

国际科技展览方面,2015年,上海共举办各类展会851个,增长12.7%;展览总面积达1 513万平方米,增长22%;展出规模占全国的15.7%,居各省份之首,在世界主要会展城市排名中也位列前茅。这其中,科技文化类大型展会32个,展览面积合计达589万平方米,占上海展览总面积38.9%;展出面积10万至20万平方米的科技展会24个,超过20万平方米以上8个,部分专业展已成为行业发展的风向标。

借助各类国际科技创新会展平台,建立联系渠道,发展科技合作关系,最终将形成会展引导国际合作的模式。国内外的发展经验证明,会展经济的作用辐射到经济、社会、科技、教育等多方面。上海作为国家经济中心,自身定位于全球城市与科创中心,具备发展会展经济得天独厚的条件;同时,创新会展的发展也势必增强上海在国际上的影响。

(四)开展国际合作研究

上海有全国数量首屈一指的科技部认定国家级"国际科技合作基地",如上海无线通信研究中心、上海纳米国家工程研究中心和中科院上海光机所、激光制造与材料改性上海市重点实验室等。这十余家国际科技合作先锋先后开辟和尝试"共同投资,所有权共享""委托开发,所有权独享""远程联合研究实验室"等国际合作研究创新模式,全面推进与北美、亚洲、欧洲等研究机构和企业的长期合作与交流。截至2014年底,以上单位共承接国际合作项目113项,申请国际国内专利240多项,发表国际国内论文352篇,提交国际标准提案144项。上海已成为集聚国际科技和人才资源,触发相关高新技术产业发展的平台和载体。

在基础研究领域,上海有69.56%的英文学术刊物与Spirnger、Elsevier、NPG、OUP和Wiley等国际知名出版机构开展了国际合作,由国外出版社提供英文修饰、免费提供稿件处理系统和负责排版、印刷或者电子版制作、市场推介等服务。通过国际合作,迅速提高期刊的国际知名度,得到国际同行的关注和认可,吸引国际投稿,解决了中国学术期刊国际发行难的问题。

(五)人员互访与交流

外籍科学家来华,发挥国际人才倍增效应。"中华人民共和国国际科学技术合作奖"自1994年创立至今,已经有22位来自上海合作项目(单位)的科学家荣膺此奖,仅次于北京。在这种深度国际科技交流与合作中,他们带来的不仅仅是自己的高水平学术,更是一种国际化的人才倍增效应。在这批获奖者中,德国著名数学家德乐思创建了中国科学院上海生命科学研究院计算生物学研究所,通过全球选聘而出任首任外籍所长,并在任职5年间使全所外籍学者人数占68%,先后邀请了4名诺贝尔奖获得者来沪讲学。

法国医学专家、法国科学院院士戴宇阁与上海交大深层合作中,先后将多名中国科研人员引入自己在法国的实验室接受培训,后来两位获得国家杰出青年科学基金,一位成为中科院"百人计划"人选,一位成为教育部"长江学者"。英国食用菌生理和活性物质研究专家、上海市白玉兰荣誉奖获得者巴士威全力将上海农科院青年人才推向国际,2003年至今,全所科研人员已在SCI收录期刊上发表40余篇论文。

国内科研人员走出去,与世界顶尖专家建立合作关系。上海正在尽可能地开展多种形式的"走出去"型国际合作,如人员交流培训、出国考察访问、参加国际学术会议等,努力开辟多种利用国际资源的渠道。其中,利用国外先进设备与仪器开展实验研究工作并取得重要研究成果的实质性深入交流也占据了一定比重。在这种模式下,上海利用本国学者学术思想上的优势和长处,换取外方在设备、资金、信息方面的优势,合作研究,共同提高。不同类型的国际互访与交流从整体上带动了上海的科研开发和管理创新走向国际化水平,加强了城市对外开放的广度和深度。

(六)建立国际科技合作基地

近年来,国际科技合作活动更多地向上海主要科技园区集聚,以国际科技创新基地为平台,可发挥放大器的作用,有效开展企业、高校院所等多主体多元化的国际合作活动。杨浦科技创业中心先后与美国、芬兰、荷兰、韩国和新加坡等国的大学和科技企业孵化器机构正式签署了合作备忘录及相关合作协议,目标就是推进孵化器管理人员的互训和在孵企业的国际软着陆。立志打造综合性国家科学中心的张江园区通过国际化的研发环境、优惠的研发政策以及集聚效应产生的吸引力,已经形成跨国公司与本土企业的研发机构、高科技企业集聚于园区的格局,创造了有助于本土企业与跨国公司研发机构的交流与合作的创新高地。

张江目前已在探索国际创新纵深合作上迈出了重要一步。2016年2月,上海张江波士顿企业园(Shanghai Zhangjiang Boston Enterprise Park)在美国马萨诸塞州正式启动运营,这是张江国家自主创新示范区紧紧围绕上海建设具有全球影响力的科技创新中心的任务,集聚国际创新资源,建设全球创新网络的又一重大举措。园区将实现整合利用国际资源、转移转化创新成果和参与国际合作竞争的三大功能,全面对接中美双方的创新人才、技术、企业、资本等资源,着力打造六大中心(生命科学和生物医药技术创新中心、人工智能技术创新中心、网络信息技术创新中心、医疗健康技术创新中心、半导体及集成电路技术创新中心与新能源和环保技术创新中心)、七大平台(中美创新人才培养和交换平台、中美尖端科技领域联合创新平台、中美创新技术研发和交流平台、中美创新成果转化和交易平台、中美创新企业国际拓展和合作发展平台、中美创新智慧和新兴产业培育和孵化平台和中美创新资本服务和市场对接平台),为国际化创新创业合作示范服务。

相较于项目式的合作形式,国际科技合作基地的优势在于:跨国公司在沪研发机构可以与国内大型企业/产业界合作,共建技术联盟和产业联盟,共同参与或者影响到国家标准,甚至是国际标准的制定;跨国公司通过其在沪研发机构可以很容易地找到合作伙伴,充分利用区域内的研发资源并及时引入外部研发成果,实现部分研发技术的外包,从而提升其核心竞争力;成为R&D中心的科学工业园区还会吸引世界范围内的大批优秀人才,包括大量归国留学人员前来创业和工作,成为凝聚高层次R&D资源的智力高地。

二、现有国际合作取得的成果

近年来,上海通过国际或地区间的科技合作交流、技术贸易、直接利用外资等形式,开展了一系列跨国界、跨地区、跨领域的科学研究、技术开发与产业化活动,并取得了一系列成效。

(一)引进和培养了一批领军科技人才

近年来,"上海磁场"对于海内外优秀人才的吸引力正不断加强。上海通过实施"千人计划""浦江人才计划"等科技人才专项计划,使各类优秀人才加速集聚,已初具全球人才枢纽雏形。2008年1月—2015年12月,上海共从海外引进各类人才47 613名,常年在沪外国专家达10.2万人;留学归国人员总数达15万余人,其中,"两院"院士126名,占全市"两院"院士的70%以上;截至2015年上半年,入选"千人计划"的高层次专家有1 328人,其中国家"千人计划"专家771人,上海"千人计划"专家557人;海归创业的企业超过5 000家,其中上市公司超过50家,总投资额超过9亿美元,且大部分具有自主知识产权。

为鼓励更多具有国际背景的创新人才在沪施展拳脚,上海成立了"海归千人科技创新中心",打造海归创业者、投资人的汇聚中心,为高层次人才提供发展平台。中心将承接政府职能转移事项,配备科技事业发展、资金与项目对接、项目评估、课题论证等全方位"一站式"多元化服务。此外,市委组织部实施了"上海高层次人才一卡通"项目,发放"人才金卡",为持卡人提供政策便利、生活服务及金融理财服务,以改善高层次人才的生活待遇。

(二)接触和了解国际前沿科技信息与成果

上海近年来涌现出一大批具有国际影响的优秀科研成果,与国际学术科技前沿面的差距进一步缩小。上海学者发表的科技论文被国外三大检索工具检索篇数10年间增加了5.66倍,其中,SCI论文增长了4.53倍,EI论文增长了5.8倍,ISTP论文增长了11.27倍。2012年,上海申请PCT专利1 024件,仅次于广东和北京,居全国第三位。与此同时,位于上海的一些科研机构和科技企业,如宝钢集团、上海汽车集团等已开始在海外设立研发机构,并积极参与国际技术标准制定。上海的全球创新影响力加速提升,科技"走出去"成效初显。

张江综合性国家科学中心建设的国家级重大科学基础设施在国际合作研发与自主创新中更是产出了令人瞩目的世界级成果。截至2015年12月,该中心的上海同步辐射光源支持国内外及合作课题近7 000个,来自海内外365家高校、科研院所、医院和公司的1 938个研究组的12 674名用户在这里进行了实验,已发表论文近2 500篇,其中SCI 1区的文章400余篇,包括《科学》《自然》《细胞》等国际顶级刊物论文50余篇。国家蛋白质科学中心(上海)吸引包括中科院各院所、国内高等院校、国际医药企业等各界100多家单位以及来自美国、法国、西班牙等欧美各地1 200个课题组前来开展前沿研究,发表SCI文章共计60余篇,其中10篇发表在《科学》《自然》《细胞》上。

(三)在一些领域取得了科技突破

上海立足国内,长期在中国科技成果最高奖项"国家科学技术奖"评选中位列三甲。2015年,上海有42项重大科技成果榜上有名,占全国获奖总数的14%,仅次于北京30%的比重,连续14年获奖比例超过10%。其中,荣获国家自然科学奖5项,占全国42项国家自然科学奖的12%;国家技术发明奖6项,占全国66项国家技术发明奖的9%;国家科学技术进步奖31项,占全国187项国家科学技术进步奖的16.6%。其中,在高等级奖项中,上海参与全部3项国家科学技术进步特等奖;在13项国家科学技术进步一等奖中,上海牵头完成1项,参与完成5项;在专用项目(涉及国防、军事、安全)中,上海有6个项目获奖,在满足国家重大战略需求、提高军事装备水平和保证国防安全方面发挥重要作用。

放眼国际,上海已经能够在某些顶级科学领域领跑世界前沿。复旦大学领衔开展的"铁基超导体电子结构的光电子能谱研究"打破了欧美科学家长期垄断的世界尖端科学领域,将中国超导研究推向世界最前列;中国科学院院士、复旦大学电磁波信息科学教育部重点实验室主任金亚秋教授被授予"IEEE(国际地球科学与遥感学会)GRSS杰出成就奖",成为GRS领域半个世纪以来第一位获得该荣誉的非欧美科学家,并带领中国遥感技术达到国际"领跑"阶段;中国工程院院士、上海交通大学材料科学与工程学院教授丁文江教授研制出可在大气中无保护下熔炼的阻燃耐蚀镁合金,让美国联邦航空管理局取消了不准镁合金应用于民航客机的禁令。在上述一系列高含金量的奖项和成果背后,都少不了国际专业的协力、国际设备的依托以及一大批拥有丰富海外背景的本国学者的贡献。

（四）崛起多片科技创新高地

对标国际领先水平，上海不仅在基础科技核心领域取得了重大突破，还形成了具有区域辐射效应的创新能力，多片科技创新高地正在崛起。

一是医药卫生领跑，科技成果以集群形式出现。上海以生物医药、医疗卫生、高端医疗装备为主体的医药卫生产业正在初步形成具有自身特色的创新驱动发展范式，初具规模的医药卫生高地有力地推动了上海城市的创新驱动发展。除了医药卫生高地，上海还在形成建筑与交通科研高地、信息与通信高地等，这些领域的科技创新为持续推进智慧城市建设、服务"互联网+"行动计划打下基础。

二是瞄准世界前沿，服务国家战略。瞄准世界科技前沿领域和顶尖水平，上海在国家基础研究的格局中占有的分量越来越重，近些年，上海有多个项目因在关键核心技术和基础科技领域获得重大突破。在服务国家战略、建设科创中心的进程中，上海前瞻性地布局了一批科技创新工程和重大战略项目，推进高铁、航天、服务"一带一路"、基础设施等领域的重大任务。

三是企业创新主体地位凸显。在上海推进的产学研合作创新进程中，极大地催生了产业人才结构优化升级，使上海企业参与国家科学技术奖占比高达43%。一大批专业技术人员、管理人员形成华丽的人才阵列构成了上海企业研发部门的"超级大脑"，其中不乏中国工程院院士、国家级中青年专家、享受国务院特殊津贴专家、国家及市级"千人计划"专家。

第二节　国际经验

一、强调国际科技合作工作的顶层战略设计

发达国家在国际科技合作中十分注重科学且严谨的规划与布局。通

常是首先确立整体国际科技合作框架,完善相应政策法律环境,明确政府各部门的任务职责,并进一步做好战略层面的顶层设计,将科技、教育与经济发展各领域结合起来,在协作创新中追求科技进步,实现国家与社会的发展。

在发达国家众多国际科技合作框架的成功案例中,欧盟制定第七框架研发计划的系统性战略思想是国际科技合作顶层设计的绝佳典范。其主要思路包括:第七框架计划为了满足欧盟经济和科技发展需要,将多项专题计划进行集成而形成协调性国际合作网络。其中,"合作计划",针对跨国合作开展各种研究活动;"能力计划"主要是加强基础设施建设及国际双边对话等,为国际合作打好硬件基础;"人力资源计划"和"原始创新计划"都是为了吸引更多优秀人才来欧洲。在明确整体协作框架的基础上,第七框架不断调整自身的区域战略和定位,使对外合作更加有针对性,根据自身需求及全球性的问题,进行战略规划实现"领域"导向,有效避免重复研究,更富有连贯性。为确保国际合作协议的顺利落地,大力优化知识产权制度,降低所有权的转让、获取权利等规定的限制,加大对欧盟以外其他国家参与方权益的保护,以鼓励知识成果的共享、传播和应用。

在上述框架指导下,欧盟迄今已与43个国家和地区签署了国际科技合作协议,这些协议通常通过合作来吸收欧盟以外的科技知识、高新技术和人才,以开拓国际技术市场为目的。美国也由联邦政府及主要职能部门出面,与110多个国家和地区签署了近900个科技外交方面的协议、谅解备忘录等,同时美国州政府和地方政府相应的配套或支撑性科技外交协议更是无法统计。

二、强调以政府为主导的国际科技创新合作投入

主要发达国家政府部门投入在国际合作经费中起绝对主导作用。美国政府用于非国防研发领域的国际合作经费自2001年以来一直保持

上升趋势,从2001年的25亿美元飞速上涨至2013年的130亿美元,10年间的总量一直远远高于民间国际科研合作经费投入,几乎占据国际项目资助总额的67%。英国国际科技合作政策的主要推动部门是科技办公室,英国政府预算自2006年起专门设立了国际科技合作经费栏目,每年预算300万英镑用于国际科技合作,结束了长期以来英国国际科技合作经费没有完整的国际科技合作资金机制的居民。

欧盟在第五和第七研发框架计划中分别拨出4.75亿欧元和3.59亿欧元用于与第三国的国际合作。在第六研发框架计划中,国际合作经费共为6亿欧元,其中3.15亿欧元用于支持非欧盟成员国的科学研究,2.85亿欧元用于其他主题领域下的研究,占欧盟国际项目总资助额的56%。2013年,共有来自世界87个第三国的866名科技人员参与欧盟第七研发框架计划资助支持的研发创新活动,直接获得资助金额达5 250万欧元。

意大利由外交部统一进行对外科技合作,设有固定经费支持政府间科技合作项目人员交流,对其重点项目有专项经费资助。同时,政府还鼓励各下属部门,如教育研究部、环境与国土保护部、卫生部,以及主要国立研究机构,如国家研究委员会、新技术能源环境委员会、国家核物理研究院、国家空间局、高等卫生院等,利用各自的渠道,开展对外科技合作。总体上,意大利目前对外资助开展国际合作,都是以政府间项目的形式,由意方和外国机构共同申请科研项目。同时,国立科研机构可以根据政府间科技合作协定或部门间签署的有关合作协议,吸收外籍人士,包括访问学者、研究生等,来意研究机构学习或进行研究活动。作为发达国家,意政府每年都有固定的经费来源来资助发展中国家提高科学技术水平,该基金的管理由生产活动部负责。

三、强调对引进技术的吸收和再创造

从发达国家发展的历史进程看,技术引进是提高企业技术水平的重要

手段,是发达国家加快经济发展必不可少的因素。尤其是20世纪的日本和韩国,已成为当代借助技术引进获得经济快速发展的成功典范。引进成熟技术与白手起家进行研究相比,可节省巨额资金与大量时间。正如日本人所说,从欧美国家大量技术引进,是"站在巨人的肩膀上前进",与自主研发相比,具有技术设计思路清晰、研发投入少、开发周期短等优势。

根据通产省的统计,日本企业在20世纪50年代和60年代的20年间,引进技术花费60亿美元,消化和再开发费用则达到500亿美元,引进消化比例高达1∶8。韩国政府则规定企业引进技术必须留有同等数额的费用用于消化吸收,缺乏吸收能力的公司必须委托研究开发机构吸收。韩国技术引进与消化吸收投入比例约为1∶3,但在装备制造行业,技术引进与消化吸收投入比例为1∶8。

四、强调对高端科研人才的引进

美国对国外高端优秀人才引进的重视集中体现在其移民签证政策上。20世纪后半叶,美国多次修改引进国外科技人才的移民法,明确指出"只要是学术、专业上有突出成就的人才,不考虑其年龄、国籍和信仰,一律优先入美国国籍";2006年《美国竞争法案》提出要"进行全面的移民改革,实行更宽松的绿卡政策";2013年美国又出台《2013边境安全、经济时机、移民现代化法案》,将H-1B普通签证名额从6.5万添加到11万,高学历H-1B名额从2万添加到2.5万。为了留住海外留学生,2012年美国众议院众议员拉马尔·史密斯提出《科技工程留学生就业法案》,旨在为持有科学、技术、工程和数学领域高学历外国人增加一个新的移民签证类别。

欧盟通过第七科技框架(FP7)下多项专项人才计划吸引非欧洲精英科学家参与合作。"玛丽·居里"行动针对外国研究人员的吸收措施包括设立访欧个人奖学金、对邻国和与欧盟签有科技协定国家的特殊资助政策、吸引海外的欧洲人和在欧洲的外国人科技"移民"。"原始创新计划"

主要致力于吸引全球最具有聪明才智的科学家增强欧洲竞争力,支持有风险、有高影响力的研究,促进新兴和快速影响力的领域达到世界级科学研究水平。欧盟研究理事会(ERC)新近启动一系列国际人才资助项目——"ERC独立研究人员启动基金""ERC高级研究人员基金""ERC概念验证""ERC协同计划"等,研究人员不分国籍可以在任何研究领域寻找新机会并提出申请,同时要求被资助研究人员在欧盟境内有依托单位或即将到欧盟从事工作,这就反映了欧盟极力留住人才的策略所在。在第七框架下,人力资源主题计划预算达到47.5亿欧元,是第六框架计划的2倍,未来预估计有7万多名非欧籍科研人员将从中获益。

日本政府与官方组织在国际科技合作中十分注重积极资助并利用国外研究人力资源。日本"外国人特别研究员制度"允许外国人在日本研究所从事研究工作、申请日本国内研究项目,并鼓励日本研究机构向在日外国研究人员开放部分研究计划。据文部科学省统计,2013年度日本大学和研究机构聘请外国研究人员总数为61 922人,其中80%以上是靠日本政府以及其他官方组织资助——文部省事业费资助占总数的16.1%,日本学术振兴会资助10.6%,获得科学研究经费补助金的人数有6.9%,科学技术振兴调整费1.2%,文部科学省以外其他日本政府部门资助占比为6.6%,其他日本国内资金资助的比重为32.1%。

五、明确国际科技创新合作的目标和对象

欧美等发达国家通常根据国家自身的需求,从国家利益出发,在政府层面与国外具有优势技术水平和科技资源的国家或地区签署双边或多边科技协议,开展有的放矢的对外科技合作。

首先,明确国际创新合作的目标方向。美国国际科技合作的主要目标是扩大科学资源来源、提高研究开发效率、为国家战略和政治目的服务,强调与技术大国在"大科学"项目的合作,一方面获取他国独特的高新技术,

加强本国的科技实力;另一方面解决由于科研成本昂贵一国无力承担的问题,如艾滋病、SARS、禽流感等。欧盟国际科研合作看重的是与欧洲的科研组织结成战略伙伴关系,能够促进欧洲经济增长和工作进步,传播欧洲标准和产品,关注并解决全球性问题。日本在推动科技活动国际化上更多的是出于提高国际科技竞争力的要求:与欧美国家的科学技术合作是基于对等互补型,与发展中国家的科学技术合作是基于技术转移和人才培养的市场开拓型。

其次,依据目标针对不同国家采取分类别合作。美国早在里根政府时期便针对工业化盟国、发展中国家、华约成员国采取不同的合作措施,"国别政策"已成为美国对外科技合作的重要基石之一。欧盟在其《研究与技术开发国际合作展望》中提到,要针对工业化国家、新兴经济体国家、发展中国家及区域,制定区别对待的国际科技合作联络图。日本在其"第三期科技计划"中提出"必须在对国际动向充分调查和分析基础上,根据对象国的具体状况,分别采取竞争与协调、合作、援助等方式,实现日本科学技术在世界上的目标"。由此看出,发达国家在进行双边、多边及组织机构间科技合作时,针对不同对象关注不同重点并采取了不同合作策略。

六、促进跨国公司设立国外的研发中心

进入21世纪以来,跨国公司海外研发活动已经成为母国国际创新合作体系的有机组成部分。美、日、韩等国跨国公司加速在不同的国家建立研发机构,并通过并购外国企业以及海外子公司开展合作研究等活动,充分利用全球科技资源,获得更强大的竞争力,从而成为推进科技全球化的主要力量。

自摩托罗拉公司于1993年在中国设立了第一个外资研发实验室,跨国公司在中国的研发机构已经达到700多个;世界最大跨国公司通用电器在印度的研发人员为2 400名,基本都是当地人才,葛兰索史克公司、辉瑞公司

等制药公司也在印度投入大量研发；意大利、法国半导体公司的一些设计在摩洛哥完成；通用汽车的巴西分公司已经竞争参与其总公司的核心设计和制造。微软在全球的六个研究院中，除了在美国的三个研究院和在英国的一个研究院外，还有设在中国北京的亚洲研究院和设在印度班加罗尔的微软印度研究院，是微软公司全球化战略和技术支持投资战略的一个重要组成部分。其中，亚洲研究院自1998年11月5日成立以来，发展极其迅速，已经拥有在数字多媒体、多通道用户界面、无线网络及数字娱乐等领域的200多位优秀的科研技术人员。研究院成立6年多来共在国际一流学术刊物和会议上发表论文1 000多篇，并已有多项技术成功转移到微软公司的核心产品当中。

对于母国，跨国公司海外R&D直接投资的意义在于技术开发和技术增长：技术开发是充分利用跨国公司的现有技术知识，开拓国际市场；技术增长是为了保证跨国公司的稳定和长期增长，旨在从海外获得新技术和新知识，增加母国的技术存量，从而对提高跨国公司的海外竞争力、母国的科技创新能力具有重要意义。对于东道国，则可以利用国外研发投资增长所产生的技术推动力，快速提升本国的科技创新能力，完成自身产业技术结构的升级。

七、市场与民间资本作用日益受到重视

一是吸引中小企业参与国际创新合作。欧盟第七框架计划十分关注中小企业参与研发创新，鼓励其跨国研发和技术转移。在"合作计划"中，每个领域的研究内容都是根据市场需求而来，因而都有针对中小企业的策略，并保证有15%的资助给予企业。其中，有助于中小企业参与计划的举措主要包括选择与中小企业相关的主题、设定中小企业专用申请通道、给予专用于中小企业特殊申请的预算以及相应的协调和支持行动。在"能力计划"中，有专门的针对中小企业的行动，以加强中小企业的创新能力以及

成果应用能力，总预算资金达1 336亿欧元。

二是撬动民间资本推动国际创新合作。日本民间财团也非常重视国际科技合作，每年都有一部分经费用于资助国际交流。这些民间财团主要有财团法人三菱财团、住友财团、日本财团、武田科学振兴财团等。各财团的资助范围主要分布在自然科学、人文科学、社会福利等领域，其中，人员培训交流是各民间财团资助的重点，每年均有招聘和派出科研人员的相关条例。

瑞典私人基金会财力强大。瑞典瓦伦堡基金会通过瓦伦堡投资集团进行投资，主要在科研领域投资大型跨国科研设备；同时还设立了总金额约18亿美元的投资增长基金，旨在支持瑞典新兴行业，如高新技术和医疗保健业的海外市场发展；另外，还于2000年5月成立了亚洲基金，基金总额为3.22亿美元，主要致力于日本以外的北亚地区投资。

英国私人基金会或慈善信托基金会目前有2 500多家，其中每年向申请者提供资助超过20万英镑的基金组织就达300多家，其中，世界第二大医学研究慈善机构——卫康信托基金资助的对象以英国和爱尔兰的医学科研机构为主，其次是非洲、东南亚和拉美地区，同时对包括中国在内的世界其他各国的医学研究也有一定程度的资助。卫康信托已经日益成为推动国家间科技与创新交流合作的不可忽视的力量之一。

第三节　现存主要问题

一、对标"有效性"存在的问题与不足

（一）政府整体统筹与有效引导力度不足

无论是发达国家还是国内创新强省(广东、北京等)，政府都是国际科技创新合作的有效引导者：一是政府能够站在国家/地区统筹发展的战略

高度,针对急需解决的热点问题和领域,指导科研单位、企业与民间在有限资源约束下开展最有效的对外科技合作。二是高端技术的引进和走出、跨国人才的管理等大量牵涉到知识产权专利、经济信息安全、签证劳动制度等顶层政策问题,只有政府出面才能顺利解决。然而,上海在推进国际科技交流与合作过程中,尚未做到围绕本市产业技术需求,厘清国际科技合作发展思路,积极探索和创新国际科技合作模式,建立长期、稳定和战略合作关系,同时重点推进本市科研单位与国际知名科研机构建立长期伙伴关系。

作为对比,广东为加强政府在国际科技合作中的战略决策能力和宏观调控能力,省政府专门建立了"世界高新技术及产业发展信息跟踪系统",研究与广东高新技术产业相关联的国外发展状况、跨国公司的研发方向和产业布局,开展国别、产业和关键技术等领域的追踪研究,为高新技术产业国际合作提供决策支持和信息支持。

在政策具体落实上,广东省政府牵头在新能源与节能、精密制造、中医药研究和重大疾病防治等领域与欧盟展开科技合作;与以色列国政府签署《关于促进产业研究和开发的技术创新合作协议》,在水处理技术、环保、新能源、基因测序应用、高能物理等领域推动联合攻关;与新加坡、日韩等国家在人才资源、研发条件、信息资源等领域开展广泛合作与共享,并实施了"中新知识城"的标志性项目。广州市牵头在英国剑桥大学建立中英剑桥科技园,建设"科技服务国际创新园",重点集聚欧美等科技创新资源;佛山市与德国"工业4.0"五大巨头之一的 Fraunhofer-Gesellschaft 协会合作在佛山新城建设"中德科技服务示范区",通过科技服务支撑产业发展;惠州仲恺高新区与美国硅谷合作建立异地孵化基地,扩大孵化企业和创业者来源;东莞以松山湖高新区为主要载体与 Fraunhofer 科技创新合作,并与以色列魏兹曼科学研究院(Weizmann Institute of Science)展开合作等整合先进国家的创新资源。

(二)国际科技交流合作短期性与功利性较强

由于缺乏政策统筹引导规划,目前上海国际人才交流合作尽管形式多样,但深度不够,流于形式,质量有待提升。

一是各自为政现象突出,形成内部竞争,降低城市国际合作竞争力。典型例子就是上海提出建设全球科创中心目标后,各类商务、政府、高校考察团蜂拥进入美国硅谷和德国"工业4.0"巨头Fraunhofer-Gesellschaft协会进行学习交流使其应接不暇,以致专门成立了中国团队接待部门,制定流水线式参观与讲座日程以应付中国考察团。而且,在这种考察团中,一般性人员和官员较多,科研与技术开发专家较少,由于语言和专业知识障碍,很难与外国高级管理和研发PROs进行思想交流碰撞。在走马观花式的观光访问过程中,既无法有效获取、深入挖掘发达国家科创研发与管理的本质经验,缺乏时间和空间商谈长期深度合作项目,又降低了国外对上海科技创新国际合作方式和质量的评价,挤占并浪费了高层次对外合作交流的机会与资源。

二是缺少具有影响力的大型国际科技合作平台。上海国际科技合作计划对企业和科研机构主要采用以项目为主的支持方式和一次性的投入方式,近几年虽然依托高等院校、科研机构和企业以及科技园区建立了一批国际科技合作基地,推动了国际科技合作的深入开展,但由于这些基地规模小且缺乏稳定的持续性扶持支持,限制了其功能的发挥。许多项目在取得初步成果后因为缺少后续支持而难以为继,使不少有前途的成果半途而废,前功尽弃。

三是科研人员、创新机构参与国际重大科学工程和研究项目(如欧盟FP7研发创新科技计划)不多,参与期限和深入非常有限。作为中国国际化程度最高的全球节点城市,坐拥众多知名高校院所的上海向国外派遣研究人员从事全球性、地区性研究课题的数量不及北京的1/3。在职称压力下,高校与科研机构人员一年以下短期访问与访学占比较大,较少有机会参与国外实验室、课题组的实质性研究工作。结果是上海国际科研合作出现了"重向内聘请"而"轻向外派遣"的失衡局面,导致上海在国际科技舞台上的活跃度及影响力与其全球城市的地位极不相符。

反观近邻国家。一直重视科技外交的日本在文部科学省日本学术振兴会(JSPS)整体推动下,国际合作与交流战略呈现出向高度和深度拓展的新趋势,包括:在科学前沿领域加强与发达国家的合作网络建设,使日本研究人员能够与世界顶尖科学家建立长期合作关系;推动日本与其他国家高水平研究基地(研究所或研究组)长期合作与交流关系的发展,提高日本在一些重要领域的国际影响力。印度已经与欧盟签署双边科技合作协定,建立高层创新对话机制。自此,双方科技合作进入快车道,科技合作领域不断拓宽深化,科技人员交往日趋密切。双方已分别就共同感兴趣的计算科学、先进材料、新能源、生物经济、食品安全和医疗健康等进行联合项目招标,取得诸多科技创新成果。印度科技人员参与正在开展的欧盟第七研发框架计划项目达157项,已成为欧盟重要的科技合作伙伴。

(三) 跨国公司研发中心溢出效应未能完全发挥

尽管跨国公司研发中心的集聚带来高强度的研发投入、先进的创新理念和运营模式,可能成为技术转移和技术贸易的源头,进而带动上海本土企业的创新发展。但是,当前上海跨国研发中心的"溢出效应"规模远未与其数量成正比。如上海1996—2013年大中型工业企业面板数据的估计显示,FDI研发投资对内资企业技术引进的影响不显著,技术转移主要在跨国公司母公司内部进行,本地企业无法融入跨国公司子公司的技术体系中。这表明众多制约"溢出效应"的因素依然存在。

一是跨国公司研发投资存在有意无意的"技术锁定"现象。对上海浦东新区108家跨国公司在东道国技术溢出情况的调查问卷显示,大多数(占比72.3%)跨国公司选择母国企业为自己提供所需技术设计、生产工艺、包装广告等核心服务,只有少数选择上海企业;有74.2%的跨国公司关键技术来自母国研发机构,技术源外生性特别强,技术扩散主要在海外,与上海厂商必然缺少技术上的联系;60.7%的跨国公司研发机构认为自己与上海本地大学、科研院所的联系"不算紧密"。

二是本地企业技术吸收能力不强。跨国公司的技术溢出与东道国自身的技术发展水平与技术吸收能力也有着很大的关系,本土技术创新与创造能力的成长是技术转移和溢出的关键变量。一方面,上海本地中小科技创新企业的融资条件、政策支持与生存环境较为艰难,造成发展能力不足,与跨国公司技术差距过大,技术水平与管理水平达不到国际标准或要求,就越难形成彼此的配套合作关系,跨国公司将不会选择本地企业作为服务和技术的供应商;另一方面,本地企业自身技术积累少,自主研究与开发能力低,造成企业学习与吸收能力较弱,也无法掌握外来核心关键技术。两方面均极大地抑制了跨国公司研发机构对本地企业的前后向关联效应的发挥。

三是跨国公司技术与管理人员流动性不大。跨国公司及其研发机构雇员流向上海本地其他公司或自主创业时,其在跨国公司积累的专业技术和经营管理技术也随之外流,这种人才"回流"现象一直被认为是技术溢出的重要渠道。然而在上海跨国企业,54.8%的技术人才工作5—10年,41.9%的技术人才工作10年以上;67.7%的管理人才工作5—10年,22.6%的管理人才工作10年以上。技术性专业人才从跨国公司回流到本地企业的数量很少,对于外企高薪、体面而安稳工作的传统市民情结使得甘冒风险创业创新的案例更少,阻塞了由人力资本流动所产生的技术溢出效应渠道。

(四)国际前沿科技成果的国内产业化较难

本地企业参与国际科技合作的能力不强,直接导致国际合作与交流中产生的前沿科技成果较难在国内迅速有效地产业化。企业是实际参与对外科技合作成果落地的最重要主体。然而目前在上海,大多数企业在国际科技合作中仍然是以技术引进、人才引进等形式为主,合作研发处于从属地位,一些重要的关键技术仍然依赖引进,在承接国际技术转移过程中,由于承接技术的能力不强,导致形成所谓的"技术飞地"。即使在大中型科技或制造业企业,自身研发机构远未具备发达国家企业那种从基础研究、应用研究到试验发展和工艺设计的完善研究体系。因此,企业实际参与、接受并运用国际科技合作的能力比较有限,研发与产业化生产的链条间未能形成紧密的联系和对接。

　　同属对外开放前沿的广东在近10年间探索出了多种行之有效的与国外企业及研究机构进行技术合作的方式,为前沿科技成果产业化的发展积累了丰富的技术资源,包括:(1)共建实验室,以达到技术相互渗透和共享核心技术的知识产权的目的。例如,华为与摩托罗拉、英特尔、SUN、微软等跨国公司建立联合实验室,开发应用性先进技术,与松下和3COM建立了"3G开放式实验室";中兴通讯在瑞典、韩国设立研究所,与美国高通公司合作建立实验室,跟踪最前沿的通信技术。(2)组建国际技术团队。创维斥资8 700万元成立了独立运作的光电科技公司,并重金请来日本专家池内宏造任董事长兼运营总裁。几个月后,池内宏造引领的团队不负众望,拿出了43寸健康3D背投,首次采用全球领先的光学组件(DOC)、首层反射镜面和超高精细间距对比度技术,使创维成为除日韩厂商外能解决光学系统技术问题的中国彩电企业。(3)进行项目合作,针对企业技术薄弱环节寻找合作伙伴,进行项目合作。例如,华粤宝电池公司针对纳米碳管技术与香港的高等院校合作,将碳管材料用于生产锂离子电池。

二、对标"高端化"存在的问题与不足

(一)难以引进成批高端科技人才或团队

　　一是上海以往较为"严苛"的外籍居民签证管理制度一直是海外创新人才在沪工作、驻留与创业的最大门槛。2015年7月公安部支持上海科创中心建设的12项出入境新政策与外国人离岸签证政策正式落地之前,上海对外籍人才的引进与居留进行了大量限制,包括就业单位类别、职务级别(例如申请任职类永久居留的外籍人士,必须在上海高新技术企业任副总经理以上级别,或者在重点高校任副教授、副研究员等副高级职称以上)、居住时限要求、收入与缴税要求、年龄要求等。在高门槛限制下,2015年7月之前,在上海常驻的外国人员有17万人,只有2 400多人拿到了绿卡;还曾导致

福特汽车把亚太总部从新加坡迁到浦东陆家嘴后,福特汽车亚太地区董事长因为年龄超过60岁而无法办理就业许可。缺少"绿卡"及相应证件,海外人才在上海的生活将"如履薄冰",医疗、保险、就业等各类社会保障的需求均无法实现,也极大地制约了上海国际合作对海外高端人才的引进力度。

作为比较,北京已经开始在全市范围内简化引进国际人才程序,2016年3月1日在中关村开始实行外籍人才临时身份证制度,允许海外人才办好入境手续就可直接入住中关村,中关村接到申请后50天内必须办理完毕。

二是由于缺乏紧密围绕国家重点领域和项目的国际科技合作与交流的规划和计划,交流项目有较大的随意性,常常造成重复、分散、盲目。来华专家中仅有9.3%真正开展了合作研究。作为对照,北京2011—2015年共引进157个创新科研团队,汇聚高层次人才近3 500余名。来自境外知名科研机构和高校的团队229个,占引进团队的半数。从美国约翰霍普金斯大学、斯坦福大学、麻省理工大学、乌克兰国家科学院、荷兰飞利普研究院等国外知名高校和科研机构引进的负责人、终身教授或副教授150余人,其中诺贝尔奖获得者9名、诺贝尔奖评委1名,国外院士31名,"千人计划"入选者、长江学者、国家杰出青年近320名。团队引进共获得资助财政资金8.4亿元,占海外人才总资助金额的56%。

(二)技术获取型ODI规模和效率有待提高

伴随中国资本与企业大规模"出海"热潮,技术获取型海外直接投资的体量迅速扩张。现阶段,在与国际科技合作相关的两种形式ODI上,上海均存在较大改进与提升空间。

一是海外技术并购,以兼并代替研发。为了能够快速增强企业的研发能力,推动企业的国内外市场的推展工作,"以兼并代替研发"的模式获取新技术和研发团队已被大中企业广泛应用。在这方面走在前列的是北京。根据普华永道发布的《2014年中国地区企业并购回顾与2015年前瞻》,2014年中国大陆企业以技术获取为最主要目的的高科技行业海外并购交易数量52宗,超过一半行为主体来自北京。大到大型国企通过超大型并购将国外原创技术"整锅端"：中国化工集团公司(CNCC)以71亿欧元收购世界排名第五的意大利亚轮胎企业"倍耐力"，拿走意大利为世界最高水平汽车大赛F1提供轮胎的尖端技术，以9.25亿欧元买下代表塑料加工机械领域最高水平的德国机械专业公司"克劳斯玛菲"，以439亿美元收购世界最大种子企业瑞士"先正达"；小到中关村民营科创企业收购国外企业相关技术部门：北京双鹭药业股份有限公司通过收购加拿大Pnu Vax Incorporated、美国LIN，成功获得了两家企业的技术开发体系，推动企业研发能力的跨越式发展。北京以此快速提高企业利用国际创新资源的能力，迅速掌控全球产业领域的先进技术。与北京的大刀阔斧相比，上海企业则略显谨慎与保守。

二是直接设立海外研发机构。利用当地在人才、市场和科研基础上的比较优势，通过合作开展新技术、新产品的研究与开发，推动企业的研发活动全球化以及技术的跨国转移。上海企业虽然已经启动这项战略，但在2013年底境外建立企业和机构数量上只是深圳的1/4，落后于广州、杭州甚至宁波，其他问题和不足也相当明显。第一，主体单一，规模较小。海外研发机构设置单位以大型国企，尤其是央企为主，如上汽集团已初步建立起覆盖中、英、韩三国的研发机构与高效的全球协同研发体系，但绝大多数中小企业尚未将海外研发投资提上议事日程；在资金规模上，单个企业对海外研发机构R&D年支出主要处于500万—2 000万元，超过5 000万元人民币的企业不足10%，而发达国家单个研发机构在华研发投资的平均注册资金高达1 805万美元(1.49亿元人民币)，两者平均规模相距甚远。第二，投资地区分布不均衡。海外研发投资的流向主要表现为"上行流"的模式，海外研发机构主要设立在发达国家技术密集地区，其目的是跟踪、获取技术发达国家或地区的先进技术，在东南亚地区设立的研发机构也占了一定的比重，其他地区则分布比较少而分散，与不发达国家合作建立的研发机构几乎为零。而对于上海企业来说，发展中国家的市场潜力是十分巨大的，接近当地市场建立海外研发机构，实施本土化经营也是企业，尤其是中小企业未来实施R&D国际化的重要方向。在这方面,江苏、浙江、深圳等省已经抢占了先机。第三,海外设立研发机构方式较单一。目前主要采用在国外独资建立小规模R&D机构的方式以及以跨国并购方式建立起海外研发机构,而通过技术联盟和技术合作开发的形式设立海外研发机构的则几乎没有;此外,研发机构的主要职能是进行技术跟踪和搜索、技术本土化以及围绕本公司的技术创新战略提供辅助性研发,而开展超前性的基础研究、为确立将来的技术规范进行知识储备或是着眼于开发新产品、设计新生产工艺的海外研发机构少之又少。

(三)国际科技合作地位的主导性、自主性和话语权不强

主导性上,由于科技能力和资金的限制,上海乃至中国参与的许多国际科技合作项目大多由其他国家或者国际组织提出,很少有以自身为主导的重大合作项目,削弱了国际合作对上海经济和科技发展关键性需求的直接关联性。

自主性上,由于科技水平上的巨大差异,大多合作交流项目尚处在被动接受与学习状态。外方在合作领域、方向与预期成果上拥有较大支配权,并且对方通过合作可以掌握大量我方的珍贵资料和数据,而对于上海本地发展与企业急需的项目,特别是涉及核心高技术的项目,则常常由于与外方利益不符而无法达成共识,得不到立项。

在话语权方面,上海在全球性与前瞻性国际科技合作领域全面缺失。主要发达国家旨在利用科技优势来争取全球科技的领导地位与话语权。美国《科技发展报告》提到"提高应对气候变化、全球环境问题及国家灾难的能力,鼓励各学科研究,加强负责科学前沿的进步、协作和创新,加强国际合作"。欧盟委员会公布的"地平线2020"研发框架将"应对全球重大挑战"列为其开展国际科技合作的三大目标之一,提到"要利用国际科技合作,提高欧盟的国际地位并发挥其对他国的影响力"。日本也在其国际科技合作计划中提到,日本应在解决全人类共同关心的问题方面发挥领导作用。当前,在中国积极参与全球性重大基础性科学问题的解决、扩大国际

影响力的关键阶段,上海科研力量在国内外的活跃度全面落后于北京的中科院系统与众多一流高校(如上海占国家科学技术奖获奖总数的14%,而北京所占的比重则是30.5%,且连续四年超三成),是上海建设"有全球影响力的科创中心"过程中不得不思考的问题。

(四)科技创新成果输出未成气候

上海企业现阶段科技成果"走出去"主要依靠自己摸索。通过国际会议、国际展览会和国外专家推荐等途径获取信息,但目前信息资源少、邀请技术专家渠道少、中介服务机构少,行业信息不对称。到目前为止,上海还未建立较为有效的信息咨询与技术服务平台,比如技术评估服务平台,帮助企业进行引进项目的价值评估、专家推荐和技术发展的预期等,以降低引进项目风险,减少企业国际化成本。

本地、本国科技创新成果开拓海外市场过程中需要政府提供到位的信息与全方位的技术服务平台,对于技术和质量过硬的发达国家亦是如此。例如,美国商务部成立了专门的海外投资促进机构,为本国企业拓展海外市场提供各种信息咨询、同行性研究、培训、研讨会、展览及其他相关服务;驻外国使馆设立经济商业情报中心,为海外投资企业提供最新和最可靠的东道国文化及市场信息。新加坡经济发展局为促进本国企业海外投资,每年会组织十余次新加坡厂商和外国厂商的圆桌会议、几十次赴海外考察团。韩国政府建立OIS海外投资系统,专为企业提供海外投资专家的在线沟通服务。

国内不少城市已经开始了"政府造船,企业出海"的探索。以北京为例,北京科委与中国银行合作,通过提供视频服务、前期对接以及咨询等,为14家中国企业在欧盟寻找技术合作伙伴,并为企业提供定制化的跨境金融服务;与国际标准化组织和检验认证机构建立合作关系,与13个国际一流实验室实现资质互认,为本地企业成果争取到越来越多的跨越技术壁垒的通行证。在这种政策扶持下,越来越多的北京科技成果走出国门、服务全球。建筑与材料检验认证技术北京市国际科技合作基地依托中国建材检验认证集团股份有限公司,从参与国际学术(行业)标准制定起步,发展为引领主导国际标准制定,主导制定了7项国际标准。光伏发电核心装备研发北京市国际科技合作基地依托北京京仪集团有限责任公司,利用自有的光伏发电产品和系统的关键制造技术,与古巴政府达成协议,拟定100兆瓦光伏电站建设项目。中种杂交小麦种业(北京)有限公司培育的二系杂交小麦技术输往巴基斯坦。百济神州(北京)生物科技有限公司抗癌新药BeiGene-290借助德国制药企业Merck Biopharma的投资进行全球市场开发。

广东则一直坚持以技术输出为突破口,实现国际科技合作转变。在优惠政策的支持和鼓励下,广东省一些有科研实力的科研院所和高新企业通过技术输出,在国际上拓展生存和发展空间。广东省农业科学院在热带、亚热带农业领域具有较强的国际竞争力,成功地向海外发展中国家和地区转移一批成熟先进的适用技术。广州中医药大学按照WHO的技术指南开展青蒿素研究,在越南、柬埔寨以及非洲国家疟疾防治基地开展抗击疟疾医疗工作,取得了良好的效果。

第四节 推进举措

一、加强政府在重大科技规划上的对接

(一)设立专项国际科技合作计划,加大财政资金支持

现阶段,上海在市政府层面仅通过"科技创新行动计划"以项目形式支持国际科技合作,同时,科委、商务委、教委等多个政府职能部门都承担部分国际科技合作管理工作,从不同角度、不同层面给予科研机构和企业一定程度的政策、资金和资源配置等方面的支持。然而,项目化支持与多头管理不可避免地造成各自为政、内部竞争、资金分散、资源重复利用、与上海整体科技发展及重大需求不符等弊端。因此,需加强政府在国际科技合作中的

宏观调控能力，加大宏观管理力度，建立国际科技合作协调机制，统一构建与上海重点科技攻关计划、高新技术产业化计划等有机结合的国际科技创新合作框架与规划，明确政府各部门互补性、协作性职能，由市级财政安排年度国际科技合作投入经费，同时指定有关部门、区县相应安排配套资金。

（二）建立国际科技合作支撑体系和服务平台

只强调国际科技合作研究本身，却忽视更为基础和关键的国际科技合作支撑条件建设，是长久以来上海乃至全国在国际合作上的通病。企业对国外技术信息、人才引进、成果推广、政策咨询等方面的公共服务有着强烈的需求，但自身国际信息获取能力薄弱、渠道狭窄，而市场化咨询分析机构的利用成本相对较高。缺乏完备的信息支撑体系进行合作项目规划、资金引导和服务支持，不仅会阻碍国际科技合作的有效开展，而且会使国际科技合作沦为技术引进的代名词，反而会腐蚀和妨碍自主创新能力的形成。从结构上来看，健全的国际科技合作支撑体系主要包括政府层面的政策与组织支撑体系、社会层面的中介服务支撑体系与物质基础层面的国际科技合作基础条件系统三个子系统（如图3-1所示）。其中，政府应充分利用现有各类科技资源，采取措施组织建立或鼓励、支持社会力量建立国外技术信息、人才信息、国际合作成果示范、政策咨询、金融服务等服务平台，积极搭建国际科技合作基地、成果转化基地、国际孵化器等支撑平台，帮助和引导企业更好地开展国际科技合作。

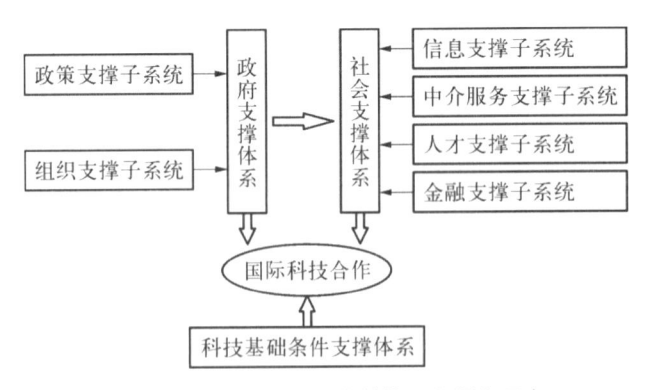

图3-1 国际科技合作支撑体系和服务平台

（三）建立和完善上海国际科技合作信息库

随着上海自贸区建设和服务贸易开放进一步加深，政府部门及民间国际科技合作规模不断扩大，建立国际科技合作信息库已成为当务之急。由于缺乏有效的信息，政府相关部门对当前国际合作，如在国际合作中的经费投入、国外的经费投入、项目合作及人员交流等各项情况没有准确的了解。此外，数据库的建立可为政府以及其他国际合作参与方了解国际合作的整体状况提供全面、有效的信息，为制定国际科技合作的政策制定及战略发展提供决策依据。

（四）差别开展科技创新合作，争取领域标准制定

借鉴前文发达国家经验，上海在开展国际创新合作时，应明确与不同国家在不同领域的合作目的，有差别地展开；而合作对象与方向的选择需要政府引领并示范。在弱势领域，作为技术接纳方，上海应力争并加强与科研先进国和特色资源国的合作；在优势领域，作为技术援助方，可以有选择地与发展中国家开展教育和科研方面的合作，同时为全球科创中心建设目标服务，积极开发创新潜能，参与到国际机构与组织中，争取一定的话语权与相应标准的制定。上海目前主要的技术合作对象是美国和欧盟等国家，由于这些国家担心经费外流，在资助政策中对他国使用经费有严格的规定，致使经费利用受到较大的限制。因此，可更多地与新加坡、韩国、澳大利亚、以色列、南美等在某些领域具有特色优势的新兴和后发国家接洽，开拓多种合作形式，充分利用其科技资源。

二、鼓励科技型企业实施海外战略

探索打造"走出去"升级版，即以原始创新、集成创新和引进消化吸收再创新为基础，以实现科技自身的商品属性和国际属性为核心，以国际科技合作与技术转移为手段，源源不断地产出世界领先科技成果，实现科技自身以及相关成果乃至载体以商品化形态走向海外市场，带来大量的、直接的

经济收益。具体措施包括:(1)研究华为、中兴、中集等企业国际化发展的思路和举措,学习借鉴新加坡的成功经验,加强对上海企业对外投资和国际布局的引导和支持,鼓励有条件的国有企业和民营企业发挥各自优势"抱团出海",重点在欧洲、美洲、非洲、大洋洲开展对外投资,努力并购海外优质资源、能源和资产,积极参与国际产能合作,不断拓展外溢式发展新空间;(2)建立"走出去"战略基金,充分发挥上海资本运营良好、投融资平台不断完善等优势,创新金融支持模式;(3)健全"走出去"战略支持服务体系,优化上海驻海外办事处网络布局,建立境外合作信息共享机制,完善贸易摩擦应诉工作机制,加强海外领事保护,推广APEC商务旅行卡,为企业"走出去"提供安全、有序、可预期的良好环境。

三、深化创新对外开放体制机制

一是加强对TPP、TTIP等国际贸易规则和全球治理体系的深入研究。做好TPP、TTIP等新一轮国际自由贸易规则谈判和建设的研究,加强国别研究和区域合作研究,全面、系统、动态地评估国际贸易规则调整和重点国家局势变化对上海重点行业或相关领域产生的各类影响,同时从战略层面上研究相关预案,提出政策建议和应对措施,有效化解负面影响,更好地参与全球经济治理和国际创新合作。

二是营造更有利于"引进来"的政策环境。创新招商引资机制和方式,围绕创新链布局招商链、引资链,开展创新产业招商、园区特色招商、网络媒介招商,提高外资利用水平。加大创新产业引进力度,推动创新产业优质化、高端化、国际化。创新国际高端创新人才引进机制,提升外国专家比例,聚集一批具有世界水平的科学家和研究团队。

三是创新国际化城市治理体制机制,以开放创新带动综合配套改革的全面深入,推进城市治理体系和治理能力现代化。建设市场化、法治化、国际化营商环境,通过体制机制的持续创新,率先构建符合国际惯例和促进商业文明的运行规则和制度体系。创新现代城市管理模式,按照"以人为本"的发展理念提高城市精细化管理水平,建设整洁优美的市容环境、可持续发展的生态环境、安全稳定的社会环境、宁静舒适的生活环境。提升城市供给水平,完善交通、教育、医疗等公共服务体系,提升对全球高端创新人才的吸引力。

四、加快推动国际科技创新产业链发展

强化"'面(平台)、线(支持链条)、点(落地亮点)'相结合"的工作思路,做好以下几个步骤,推进高新技术生产与研发的紧密结合,支持国际前沿科技成果产业化。

(一)以会议、网络和中心的形式为"国际科技创新产业"发展搭建平台(面)

一是定期在上海举办跨国技术转移大会、国际创新论坛、外交官科技通报会等高层次科技创新交流论坛,以会议为载体,将上海建设成为全球高端技术的集散地。

二是整合海外技术转移机构和国内技术中介机构,建设"国际技术转移协作网络"。利用上海丰富海外网络资源,推动民间"创新合作与技术转移服务体系"和官方"外国驻沪科技参赞交流网络"建设;建立和推广"国际企业在线技术对接系统"。通过虚拟网络和物理网络,使上海成为国际最新技术的交流和合作中心。

三是建设与不同国家政府间的跨国技术转移官方机制和针对相关领域的跨国技术转移专业机制,如中意技术转移中心,通过官方机制和专业机制,有目的地、精确地输入和输出针对性的领先技术。

(二)形成对"国际科技创新产业"发展的"项目—人才—基地"支持主线(线)

一是对前一阶段"面"上工作中形成的国际科技合作研发和引进成果

进行消化、吸收再创新,通过国际科技合作项目和再创新项目进行支持。

二是整合政府部门资源,对国际高端人才引进、国际间科技人员交流、国际化人才团队培养进行支持。

三是推动形成上海机构与外国企业、高校院所机构主体间的合作,对合作条件好、合作模式新、合作成效大的机构,择优认定"上海国际科技合作基地",并整合银行、券商、风投等方面的社会资源,以金融服务、拨贷联动、拨投联动、企业上市、风险投资等多种方式支持基地"走出去"和"引进来"。

(三)以园区、机构、技术抓住"国际科技创新产业"亮点落地(点)

一是在全球范围内建立一批顶级科技创新园区。建设国际创新示范园,集中对接国际上的先进技术,在对上海科技发展起到示范作用的同时实现向全国乃至全球的辐射;建设国际产业孵化园,瞄准国际上出现的新型产业,全面引进国际上产业链上下游的相关技术和企业进行集成孵化;建设国际科技产业园,对于来自国际上的产业化条件较成熟的技术和企业集群,推动这些企业在相关国际科技产业园内实现集群式发展。

二是在国内外建立一批中外联合研究院室。推动国外高水平大学院所与上海机构建立联合实验室,推动诺贝尔奖得主与上海大学院所合作在京建立面向成果转化和产业应用的联合研究院;帮助国际知名跨国公司在沪设立研发中心;推动上海企业在海外设立研发中心。

三是以"上海科技创新行动计划"中所列各领域、各方面需要重点突破的技术为目标,瞄准国际上最先进的技术,搭建政府、银行、风投等联合融政合作平台,合力打造企业国际化创新产业化的金融软环境,推动相关技术在上海落地转化和产业化,为产业进步和社会发展提供支撑。

五、打造全球水平的高端技术创新合作平台

一是当好国家"一带一路"建设的资金池。拓展国际金融合作领域和

渠道，在与"亚洲基础设施投资银行""丝路基金""金砖国家开发银行""上合组织开发银行"加强合作的基础上，争取降低跨国企业集团在自贸区开展跨境双向人民币资金池业务的准入要求，吸引更多跨国公司，特别是"一带一路"沿线国家或地区企业在上海设立全球性或区域性资金结算中心，为集聚全球更多高端创新要素提供资金支持。最终，促进上海金融产业优势、高等教育优势与创新创业有机融合，实现创新、金融、产业互促共赢的新局面。

二是以自贸区为平台，建设面向世界的高级要素开放新格局。高质量推进服务业开发开放，促进国内外创新要素自由流动、人员往来更加便利、服务市场深度融合，让更多国际自然人、数据信息、专业服务通过自贸区对接上海及全国市场，让更多国内产业和创新成果通过上海引入国际市场，打造国内领先、国际一流的综合开放创新平台。大力引进国外法律、会计、设计、物流等高端专业服务机构和创新人才，深化与其他全球城市在教育、环保、城市建设、质量标准等领域合作。

第四章　构建具有国际竞争力的人才体制机制与政策研究

当今世界,正迎来新一轮的科技与产业革命,迎来新一轮的"新经济"周期,迎来新一轮的经济全球化规则。我们必须看到这些世界新变化都是基于创新与开放的共同取向。上海只有以创新为基、开放为要,才能加快建成具有全球影响力的科技创新中心;只有聚焦人才大举措,着力"构建具有国际竞争力的引才用才机制""实行更积极、更开放、更有效的人才引进政策"[①],加快建设国际人才高地,才能为建设全球科创中心奠定坚实的人才资源保障。

第一节　上海建设科创中心面临的人才挑战与短板

一、面临的挑战

(一)"市场决定"下人才管理体制机制改革进入深水区

全面深化改革的重要任务就是要简政放权,放手发挥各类市场主体的作用。在这个转型过程中,将面临两个方面的挑战:一方面是政府的自身改革,既要推进开放,还要不断放手,要冲破既有的条条框框,还要放掉审批权、分配权,这是极大的挑战。比如促进创业,就要大幅度减少审批,就

---

① 中共中央《关于深化人才发展体制机制改革的意见》(以下简称《意见》),2016年3月印发。

有不少阻力;促进创新,就要大力调整创新成果转化中的利益分配机制,现在已有一些积极政策,但实际落地约束仍在;引进海内外高层次人才,更好发挥他们的作用,就要建立市场导向的评价机制、用人机制和激励机制,就必须减少由政府相关部门主导或直接操作的评价项目、资助项目,其中的难度是可想而知的。另一方面是放手让市场发挥作用,但市场主体和社会第三方机构本身不够成熟,与市场机制配套的法律法规和信用体系也很不健全,有可能面临一放就乱的挑战。比如把职业能力评价放给那些学会、协会,但这类机构很多带有官办和非市场成分,也是需要深化改革的对象;对于各类政府资助项目的评审立项、绩效评价,让社会第三方机构承担,但面临这类机构专业性、中立性普遍不够的挑战。

(二)富裕后的保守思想上升抑制人才创新创业活力

上海曾经被称为冒险家的乐园,拿今天的话来讲,就是各路人才近悦远来的创新创业之地。但曾经的那种冒险精神、开拓精神在今天的上海可能不再常见,在与北京、深圳的比较中我们不难发现,上海本地籍青年人才,以及吸引到上海来的海内外青年人才,在他们身上并没有呈现出上海这座城市曾经拥有的那份创新创业精神,即使那些来上海二次创业的企业家也较少在实体经济领域内进行深耕,其背后是上海遇到了富裕后的小富即安思想正在演变成地域性白领文化,成为当下人才创新创业中的很大短板。白领文化,就是工作细致、讲究程序、追求安稳、不求出头。我们发现白领文化不仅主导着本地籍的上海人,也在影响着新一代上海人。比如去深圳工作的青年人才,很多人身上都有那种华为公司倡导的狼性精神,拼搏工作,也可以根据公司安排冲向全国各地开辟市场;而来上海工作的青年人才,更多的人是在努力谋取上海户籍,然后就是安家上海、小康生活。另外政府的一些举措也不断助长白领文化,比如对户籍人口提供全国领先的福利保障,福利多了好了的另一面,有可能抑制创新创业活力。

(三)各地创新战略同质化引发新一轮人才区域竞争

现在各地都在积极推动创新驱动发展战略,都在借助新一轮体制机制创新和政策新举措进一步加大人才引进和人才激励的力度。从引进海内外高层次人才来看，北京因拥有诸多国家级大平台和中关村国家级自主创新示范区，在吸引和集聚海内外高层次创新人才上具有明显的先天优势；深圳因已经形成的创新型企业集聚、新型科研机构集聚和敢为人先的创新创业文化，在吸引和集聚海外内高层次创业人才上也具有突出的先发优势。上海不仅要面对北京、深圳的先发优势竞争，还要面对长江经济带的武汉、重庆、南京、杭州等在创新驱动发展上的努力追赶。从上海周边城市来看，都处于转型升级的关键时期，都积极主动地提出了对接上海科创中心建设和自贸区建设的战略举措和更加有力的配套政策，他们有商务成本上的优势，工业化的优势，还有高铁带来的同城化优势，这些都可有力提升这些城市在引才聚才上的竞争优势。

二、必须突破的短板问题

（一）民营企业家队伍成长乏力且缺少引领性人物

深圳能够实现创新驱动发展，培育造就了一批高新技术产业领域的民营企业家非常关键。未来的发展对企业家提出了更高的要求，既要坚定创新，还要引领创新，更要在全球范围内动员创新资源，付诸创新计划。但上海的企业家队伍存在一些明显的结构性弱点，如大企业的企业家多数属于国有企业和外资企业，民营企业家力量相对较弱；又如愿意扎根于实体经济领域的企业家人才这些年流失比较严重，或者转做房地产和资本运作，或者很容易被周边地区吸走；还有能够走出国门谋求全球发展的企业家更是凤毛麟角。只有民营企业家队伍强大了，上海才能在创新驱动发展和走出去两大战略上获得有力支撑，才能带动全社会的创新创业。

（二）释放体制内人才创新活力体制机制障碍仍很突出

上海的大学、科研院所和国有企业等体制内单位集中了大量人才，但他们的创新活力一直被传统的体制机制所束缚。虽然围绕科创中心建设已经出台了一系列创新举措,但要真正落地、释放动能,还有一个下决心力推的过程,其中不仅要有政府的放权力推,还要有大学、科研院所、国有企业的主动响应和积极变革。与北京、深圳比,上海对科技创新同样重视,也有实力基础,但能量就是释放不出,不能更好地驱动发展,原因何在?是行政化太强,市场化太弱,大多数体制内单位领导更在意不越位,更重视内部平稳,更用心如何从政府那里获得经费;是政府部门不能解放自己,还在用传统的方式方法分配资源,激励那些论文、获奖导向的所谓创新;是政府部门还在用管理执法类公益机构的方式方法管理大学和科研院所、管理教师和科研人员。一边在不断推出一些新的政策,一边是依然需要执行的管理条条杠杠,相互抵消、肠梗阻现象很普遍。

(三)创业成本高企严重抑制创业人才的集聚与成长

上海商务成本的不断走高是一个必然的趋势,但也必须看到,高企的商务成本对于创新创业是一大致命伤。比如上海中心城区的房价已经接近甚至超过纽约、伦敦、东京、中国香港、新加坡等国际大都市,郊区的房价也因轨道交通建设上升很快,明显超过了周边的一些城市,考虑到我们对土地财政、房地产市场的路径依赖短期内难以改变,由此带来的商务成本压力会越来越大。另外上海的薪酬成本上升很快,不仅明显高于周边地区,而且与日本、韩国和我国的台湾地区等越来越接近。在一个全球竞争性的科技创新氛围中,一方面,我们的创新创业环境总体来说没有人家理想,特别是雾霾、食品安全等因素已经明显影响到上海引才聚才的竞争力;另一方面,在我们的基础设施、生态环境、生活便利等还没有达到发达国家水平时,我们的房价、薪酬却已提前接近发达国家水平,这是必须予以高度警惕并要着力解决的瓶颈问题。当然要全面降低商务成本可能不现实,但我们可以通过一些特殊的政策打造一些特殊的商务成本洼地。

(四)支撑新兴产业发展的高级蓝领严重短缺且开发储备不足

在总体面临高级蓝领招工难的情况下,当前各新兴产业更面临较为严重的招工难问题。其中有薪酬水平上不去带来的招工难,还有高级蓝领申办上海户籍难带来的招工难,更有高校或职业学院没有培养或培养出来"不好用"带来的招工难。尤其是高级蓝领面临开发储备不足问题,这将导致更长一段时期的短缺瓶颈。这里有三个难题:一是一些高校回归职业技能院校转型难;二是职业技能院校的专业培养与产业需求脱节,师资队伍与实训要求脱节;三是职业技能院校生源问题一直没有解决,本地学生不愿进、不好学,外地高素质学生或者在沪外来人口子女被招生名额或家庭负担所限。

(五)严重缺少合格的风险投资家和天使投资人

现在对风险投资在促进创新驱动发展中的作用有了积极的认识,从市到区县层面也在通过发展科技金融来吸引风险投资的集聚,但目前存在风险投资人才严重不足、对风险投资的政策不够灵活,以及风险投资退出通道不够畅通三大制约。其中以既能调配资源又具丰富行业经验的风险投资家和天使投资人最为稀缺。以往对这类人才我们不够重视,基本没有专门的人才政策或举措进行引进和培养,而且即使现在已经集聚了一些风险投资家和天使投资人,但其中的相当部分或者只在寻找有上市机会的成熟项目,或者在全国各地寻找投资项目,并没有在上海的创业发展中发挥出他们应有的作用。

第二节 人才体制机制创新的总体思路

习近平总书记指出:办好中国的事情,关键在党,关键在人,关键在人才;要着力破除体制机制障碍,向用人主体放权,为人才松绑,让人才创新创造活力充分迸发,使各方面人才各得其所、尽展其长。上海建设具有全球影响力的科技创新中心,关键在人才,关键在人才体制机制创新,就是要坚持"向用人主体放权,为人才松绑"。调动人才的创新创造积极性,需要宽松的环境、激励的机制和有效的保障保护。需要多少人才和什么样的人才,为人才提供什么样的创新创造条件和待遇,用人主体也最清楚。只有在宽松、自主、有序的人才环境下,在崇尚自主创新、鼓励价值实现的社会氛围下,在尊重用人主体和人才个体自主选择的制度条件下,才能真正聚天下英才而用之,才能真正营造出充满活力的创新社会。具体措施如下:

一、极大释放人才的创新创造活力

人才有没有竞争力,不仅要看人才的素质和能力,更要看制度环境激发出来的人才活力。随着新一轮科技革命和产业变革的孕育而生,国际人才竞争更加激烈,许多国家纷纷通过移民新政和增加创新投入、孵育创新创业,进一步增强引才留才竞争力。我国在引进海外高层次人才上也采取了一系列积极举措,如实施千人计划、降低永久居留条件、提供国民待遇等,但如果用人主体条条框框很多、行政干预频繁、内部竞争缺失,很可能引进来却留不住,花了大代价却发挥不了作用,必然大大降低这些政策的有效性,更难以提升引才留才的国际竞争力,因此针对用人主体、针对人才个人的"放权松绑",更加重要、更加关键。同时,在当今新一代信息技术引领的创新发展时代,呈现出创新团队小型化、创新人才流动化、创新能力资本化等新趋势,因此更要解放思想、与时俱进,通过"放权松绑",建立更加灵活的用人机制和具有竞争力的激励机制,确保用人主体具备充分的适应性和自主性,人才能够获得创新创造的内在动力。

二、着力营造出充满活力的人才创新创业生态环境

现在都已认识到,促进科技创新需要一个良好的生态环境。这个生态环境,与工业化时代的生态环境是不同的。硅谷是全球创新创业的楷模,专家将其称之为热带雨林式的生态环境,显然它与农场、工厂的生态环境是不同的。农场的特征就是整齐的耕地,为取得高产,必须除掉所有的野草,让农作物良好生长。工厂的特征是规模化生产和流水线作业,必须中

规中矩,保证产品质量。而硅谷的热带雨林式生态环境,有三大显著特点:一是创新创业主体多样共生。企业、大学、科研院所、金融机构、中介组织、政府等,都是不可或缺的创新主体,共同处于一个社群式的生态圈中;二是创新要素的通畅流动。创新主体开放度高,人才、技术、资本等各种创新要素可以在各创新主体之间通畅流动,产生更多开放性溢出,形成整个区域的创新繁荣局面;三是创新创业文化。不仅鼓励冒险、宽容失败,而且遵循合作共赢原则,通过协同和整合生态系统中的创新资源,搭建促进科技与经济有效结合的平台和制度,共同构建以"共享共赢"为目的的创新网络和社会准则。所以我们要特别强调,"向用人主体放权",不仅向企业、大学、科研院所放权,还要向处于同一生态圈中的金融机构、中介组织,乃至地方政府、公共服务机构等放权,让所有用人主体及其各类人才都更具内生活力,从而形成各个用人主体有机衔接的创新生态圈。

三、充分发挥市场在人才资源配置中的决定性作用

2003年中央颁布的《关于进一步加强人才工作的决定》,提出"发挥市场在人才资源配置中的基础性作用",就是认识到,人才也是资源,人才资源配置也要发挥市场作用,这是当时对市场作用认识的一次飞跃,其改革的着力点在于建立人才资源配置的市场体系,积极发挥市场机制的调节作用。时至今日,我们已经建立起比较完备的人才市场体系,而且绝大多数的用人主体及其人才个体,都已具备市场适应性,都已成为市场主体。但在另一方面,现实中仍然普遍存在着违背市场规律导致低效和浪费的现象,而其背后的原因,是政府仍对用人主体存在较为普遍的过度干预情况,经常导致市场扭曲,或者政府作为失效。中共十八届三中全会提出,要充分发挥市场在资源配置中的决定性作用,深刻阐明了中国特色社会主义市场经济中的政府与市场关系,指明了人才体制机制改革的方向。那么在人才资源配置上,诸如对人才的评价、激励、流动、培养等,起决定性作用的,是市场,不是政府,因此,必须

把评价权、定价权、用人权、流动权、培养权、成果转化权等真正放到市场主体手中,让市场说了算。政府的作用就是在尊重人才市场规律的基础上更好地加强市场监管,保障公平竞争,提供公共服务,弥补市场失灵。

四、简政放权,加快转变政府人才管理职能

当前,我国人才管理的行政色彩还比较浓,市场的决定性作用还没有得到有效发挥,在人才招聘、评价、流动等环节的行政审批过多、程序繁琐复杂,造成一些用人单位想要引进的人才进不来,该流动的人员出不去,也制约着人才的健康成长和作用发挥。因此必须通过改革,真正把权和利放到人才、企业、事业单位等市场主体手中,更好激发人才创新创造活力。习近平总书记在2016年全国两会参加上海代表团审议会议时就特别强调,关键是加快转变政府职能,该放给市场和社会的权一定要放足、放到位,该政府管的事一定要管好、管到位。因此,"放权松绑"首先要下放权力,放足放到位,彻底消除对用人主体的过度干预。通过建立政府人才管理服务权力清单和责任清单,划清政府与市场的边界,根据政社分开、政事分开和管办分离要求,把该放的权力放掉,凡是用人主体可以自己决定的事情都应当由用人主体决定,真正发挥好用人主体在人才培养、吸引和使用中的主导作用。对于长期以来一直由政府直接承担的一些服务管理职能,如人才培养、评价、流动等,要加快转移给各类社会组织和人才中介服务机构。特别是对国有企业、高校、科研院所和社会组织等体制内单位,要进一步下放自主权,激活其创新创造活力。要深化科技成果转化制度改革,把科技成果的使用权、处置权、收益权,下放给高校、科研院所,下放给创新团队。

五、积极促进人才的自由流动和自主创新创业

流动的水才是活水,流动的人才群体才会内生出创新创业的活力。人

才自由流动是硅谷成功的重要经验之一,其中既有降低移民门槛吸引世界各国优秀人才流动到硅谷带来的集聚效应,更有用人主体间的人才流动带来的创新溢出和社会共享。在硅谷,企业员工的流动不受任何限制和谴责,员工跳槽被视为一种完全正常的职业行为,任何人都可以选择"人往高处走",去圆成功梦。被誉为硅谷人才摇篮的斯坦福大学,不仅为硅谷培养了大批创新创业人才,而且还积极鼓励和支持大学的教员和科研人员去公司兼职,甚至允许他们可有2—3年时间暂时脱离岗位去创办科技企业或公司兼职。这些经验被世界各地纷纷借鉴。在我国,因仍然存在着户籍、身份、学历、人事关系、社会保险等制度性制约,不同性质单位、不同地区的人才流动障碍仍然不少。特别在大学、科研院所等事业单位与企业之间,人才合理流动的通道还很不畅。大学、科研院所的科研人员要下海创新创业,个人要承担很大风险;大学、科研院所非常需要来自一线企业的工程师和高管人才,但所谓的职称、论文成果等评价标准成了很大的流动障碍。所以,要充分尊重人才的流动意愿,以鼓励人才自主创新创业为导向,破除不利于人才流动的各种体制机制障碍,大力发展专业性、行业性人才市场,畅通人才跨地区、跨部门、跨行业、跨所有制流动渠道,促进人才资源合理流动和有效配置。

六、充分认可和支持人才的"名利双收"

习总书记强调,要让人才得到合理回报,既要用事业激发其创新勇气和毅力,也要重视必要的物质激励,使他们"名利双收"。要把建立更加符合创新规律和最大限度激发人才创新活力的激励机制作为"放权松绑"的重点,坚持以创新成效为导向,充分尊重和体现人才的创新价值,让人才合理合法享有创新收益,从而汇聚成更加强劲的科技创新动能,促进科技成果的转化利用和产业化。要积极推进股权激励政策,鼓励各类企业通过股权、期权、分红等激励方式,调动创新人才的创新积极性,特别要大胆探索和落实大学、科研院所、国有企业的股权激励政策,鼓励和支持其科研人员参与企业股权激励,并对获取的股权收益予以合理的税收减免或延付。要完善知识产权保护制度,建立创新人才维权援助机制,充分保障创新人才的创新权益。要完善科研人员收入分配政策,依法赋予创新领军人才更大财物支配权、技术路线决定权,着力解决好当前科研经费中人员经费占比过低、个人所得税累计征收比例过高等突出问题,切实落实好创新成果转让收益主要归创新团队的新政策。

第三节 深化人才体制机制改革与政策创新的举措

一、继续大力引进海外高层次人才

针对当前高端人才集聚不足,高端引领有所乏力的人才短板,必须坚持以引进为主导,以引进为发动机,以更大的开放度和政策竞争力在全球范围内物色和引进上海最急需的高端人才。

(一)全面落实市委市政府关于推进科创中心建设的人才新政

更好实施永久居留政策,切实降低申办条件,建立从居留向永久居留转化衔接的机制,简化申办程序;充分发挥人才签证政策作用,扩大人才签证申请范围,延长适用期限,提高签证便利化水平;进一步简化来上海创新创业的外国人入境和居留手续,简化就业许可申办程序,为其家属和其聘用的人员提供居留便利;鼓励外国留学生在沪创新创业。

(二)发挥"双自联动"优势推进人才特区建设

以上海自由贸易贸试验区、张江国家自主创新示范区为改革平台,发挥"双自联动"优势,进一步深化海外高层次人才创新创业基地建设政策,推出一批人才特区。就是在特定的大学、科研院所、高科技园区、高科技先锋企业、风险投资机构、文化创意机构、高端智库等,围绕打造一批具有全球影响力的人才工作平台这一战略要务,建设人才特区,或称科技创新战略特区,大力提升人才特区的创新力和吸引力,不断吸引全球一流人才加盟,进而培养出更多全球一流的顶尖人才和创新创业团队。要创新工作平台投入政策,建立科技创新重大工程和项目专项基金,以风险投资的方式方法对平台进行战略性长期投资;创新工作平台评价政策,坚持建立以科技创新成果转化应用为导向的评价体系;创新工作平台激励政策,积极建立与最先进的激励做法紧密接轨的创新成果转化、分享保障政策;创新工作平台用人政策,杜绝行政级别,退出事业单位管理模式,建立充分发挥平台负责人或首席专家作用,可以自主用人、自主定酬,与高科技企业用人方式接轨的人事保障政策。

(三)更好推进"千人计划"项目

认真总结"千人计划"项目的经验和教训,完善"千人计划"宣传机制、评价机制和资助机制,更好发挥"千人计划"专家在创新创业中的引领作用。要以"千人计划"为重要抓手,瞄准全球一流人才,加大政策配套,扩大对外宣传,打造具有上海特色的海外高层次人才引进品牌。创新人才评价机制,以创新驱动发展为导向,以人才大数据信息为基础,以第三方专业机构和用人单位评价为主体,提高人才评价的准确度。进一步扩大"千人计划"专项资金规模,重点用于引进全球一流的科学家、创意家,以及从事科技创新成果转化的创业家,提供全球接轨的薪酬条件和人才公寓居住条件,提供可供长期创新的项目资金,提供平台建设单位设施配套建设资金,并健全专项资金使用的绩效评价体系。

(四)建立健全科学的人才评价机制及其配套政策

做好人才评价工作是确保引才成功、确保引才资金有效使用的基础。要坚持创新驱动发展的用人导向,充分反映人才市场需求,充分运用竞争法则,与全球人才市场接轨。要构建社会化的人才评价体系,培育社会化的评价机构或平台,健全政府与社会评价机构的有效互动机制,建设大容量的人才信息数据库,造就一批资深公正的评价专家。对创业人才的评价或项目资助,要发挥创业投资机构及风险投资家的作用。政府的一些资助项目可交由创业投资机构负责,由他们按照风险投资的评估标准和方式进行评估;也可吸收风险投资家、天使投资人、行业专家等组成专业评价委员会,更加注重科技创新的产业化、市场效果。

(五)进一步完善综合配套政策和公共服务

围绕打造有全球竞争力的创新创业生态链,为吸引和留住海外高层次人才构建综合配套政策体系和公共服务体系。有的是赋予其国民待遇政策,如安居政策、社会保险政策、就业政策、政府雇员政策、参与社会团体政策、公平申请政府资助项目政策等;有的是提供特定小环境加快与国际接轨或提升引才竞争力的政策,如创新创业贡献奖励政策、特定人才所得税减免政策、国家千人计划地方配套政策、特定人才医疗保健服务政策、科技创新创业所需仪器设备及中间材料进口关税减免政策、国际社区建设政策、国际化教育政策、文化包容政策等;有的是以开放为动力上海着力先行创新的政策,如科技创新成果激励政策、知识产权保护政策、工商注册备案制政策、社会诚信体系建设政策、服务型政府建设政策等。

二、着力推动创业人才集聚发展

要以更加开放、开明的心胸和更加贴近、扎实的关怀,打造出上海特有的"大众创业万众创新"形象和人文,吸引海内外人才到上海创业,鼓励和支持各类科技人才和大学生投身于创业活动。

(一)更好发挥户籍政策在引进创业人才中的吸引作用

要坚持控制常住人口、不控制人才的政策导向,向有志于来上海创业的各类人才敞开户籍大门,提高上海吸引创业人才的竞争力。贯彻落实好"20条"政策,对获得市场认可,特别是风险投资认可的创业人才及其团队核心成员,提供直接落户的政策支持;对大学毕业生创业人才,以及为创业服务的中介人才,降低居住证申办门槛,对经市场认可的人才,缩短居住证转户籍的周期。

(二)着力为创业人才提供廉价安居条件

针对房价高企的现实,要积极通过一些特殊措施为创业人才及其团队提供交通方便、租金低廉的安居用房。在一些特定区域,特别是科技创新核心承载区和重要承载区,如张江、紫竹、临港、漕河泾、松江、嘉定等,实施特殊的住宅建设土地出让金政策和开发商税收减免政策、房地产交易减免政策等,确保这类区域的房地产价格成为特区。对建设在郊区的一大批经济适用房嫁接人才公寓政策,政府可以收储一批经济适用房作为创业人才或初创企业的廉租房。对创业人才及其团队成员提供积极的租金补助政策。

(三)进一步提升创业孵化器承载和服务水平

大力扩容创业孵化器,加大郊区一些工业园区、市级老工业基地向孵化器、加速器的转型升级,提高建筑容积率,扩大创新创业载体容量,实现高标准、低成本建设。深化孵化器管理体制机制改革,鼓励行业领军企业、创业投资机构等社会力量参与众创空间建设,吸引国际孵化器入驻上海,推进事业单位孵化器改造,鼓励国有孵化器引入专业团队管理运营。推行积极的创业人才入驻政策,通过市、区两级设立财政专项资金,对创业者的办公用房租金提供更加积极的减免补贴;对海外高层次人才创业、大学生创业,在规定提供的创业用房面积内可实施3年免租金的补贴优惠;对一些特定孵化项目或产业化项目,可特事特办,提供更大面积,实施更长年份的租金减免优惠。深化创业一站式服务,打破创业服务的部门分割、条块分割,整合有关部门的创业服务职能和资源,建立"一站式"服务机制,提供全方位的创业服务。

(四)切实解决好创业融资难融资贵问题

要引导和支持各类银行机构设立创业融资贷款专项,为创业活动提供积极的融资服务。政府方面要深化创业融资贴息和风险补偿政策,切实降低银行机构的融资成本和风险;推进知识产权、无形资产质押融资。要发挥好政府系创业投资机构的作用。开辟多渠道资金来源,提高创业融资能力;改进考核评价机制,鼓励风险投资;大力培养创业投资专业人员,提高项目评估能力和创业咨询能力。鼓励和规范草根性金融发展。积极发挥互联网众筹金融,规范小贷公司和产业投资公司融资行为,大力建设社会征信与评价体系。在各个区和园区层面探索建立创业者联盟,把创业者组织起来,并担当好与政府信用担保、创业投资机构之间的桥梁功能。

(五)积极组织实施创业培训工程

设立并积极实施创业培训工程项目,为"大众创业万众创新"全面推开培养大批创业人才。财政设立专项资金,优先保障创业培训工程资金需要。依托教育部门设立创业培训工程推进机构,加强规划和统筹推进力度。在各高校全面普及创业课程设置和通识教育。依托社会力量和互联网教育新模式,组建新型的上海创业大学,融教育、实训、创业孵化为一体。

三、充分调动科技人才的创新创业积极性

以创新驱动发展为导向,全面深化科技体制改革,鼓励更多的科技人才投身于创新创业事业。激励政策有的针对科技成果转化,有的针对科技研发,其中需要创新突破的主要有两类激励政策:

(一)深化人事制度改革,促进科技人才向创新创业一线流动

全面深化大学和科研院所人事制度改革,促使学院、研究所、研究室等,岗位公开招聘、人员无障碍流动、薪酬市场接轨、创新权益充分保障。要充分鼓励和支持体制内科技人才向创新创业一线流动,允许离岗创业,创业期间保留其原有身份和待遇;允许科技人才在完成本职工作前提下在职创业,或到企业兼职,并可获得相应的个人收入或股份。促进相关地方立法工作,更好保障和促进科技人才流动。

(二)深化分配制度改革,充分激发科技人才创新创业活力

要与国际接轨,让科技人才可以充分获取创新回报;要放宽管制,让科

技创新成果更加容易实现转化；要减轻中间的税费负担，让科技创新成果转化的承接者可以有更小一点的风险和更多一点的利益分享。全面落实20条相关政策，鼓励科技人才把在大学、科研院所获得的科技成果向企业转移，所获知识产权收益，多数归参与科技创新的科技领军人才及其团队，包括那些担任行政职务的团队负责人；改革基础研究人才科研经费管理和薪酬制度，大幅提高人力成本在科研经费中的比例。鼓励高校、科研院所采用年薪工资、协议工资、项目工资等方式聘任高层次科技人才，人员工资可从科研成果转化收益中开支。加快相关地方立法工作，更好地保障科技人才的创新创业权益。

（三）深化协同创新机制改革，促进科技人才的产学研合作与交流

围绕产业链部署创新链，确立企业在科技创新主体地位和在产学研合作中的引导作用，推动大学和科研院所更多的以企业需求为导向，构建科技人才及其创新成果无缝隙向企业转移的协同机制，对从企业获得的研究费，赋予更多的分配自主权，增加一线创新团队的奖励分配比例。大学和科研院所设立一定比例的流动岗位，包括教授、博士生导师岗位，吸引有创新实践经验的企业家和企业科研人才兼职。通过双向挂职、短期工作、项目合作等柔性流动方式，引导一批高校、科研院所的科技人才向一线企业有序流动。完善科研人员在事业单位与企业之间流动时社保关系转移接续政策。

四、大力引进培养重点领域的紧缺急需人才

围绕上海"十三五"经济社会发展的重点领域，以紧缺急需人才为重点对象，推出更加积极的引进政策，构建更具市场化导向的培养体系，更好地解决重点领域人才需求中的紧缺瓶颈。

（一）大力引进培养现代服务业领域的紧缺急需人才

主要在金融、航运、贸易、信息服务、文化创意、旅游、中介服务等现代服

务业领域，大力引进和培养具有丰富实践经验和产品创新经验的高级管理人才，以及具有较高国际化、职业化水平的专业人才和熟悉行业与IT、熟悉行业与法律的复合型人才。依托上海自贸试验区，引进和集聚高端服务业机构，打造国际顶尖水平的高端人才引进平台；积极推出离岸人才政策，争取在个人所得税或财政奖励方面创新突破，吸引和留住更多的现代服务业高端人才；积极引进国际知名的培训机构，提供国际最先进的培训项目和培训模式，加快培养国际化、专业化的现代服务业人才。

（二）着力引进培养先进制造业领域的紧缺急需人才

适应智能制造和工业4.0模式的发展趋势，着眼于提高制造业的创新能力和国际竞争力，在新能源汽车、电子信息、生物医药、民用航空、成套装备、海洋工程、新能源、新材料、化工等领域，着力引进和培养具有自主创新能力的技术研发领军人才及其创新团队，掌握核心技术、关键技术和共性技术的工程技术人才，工艺精湛、素质优良的高技能人才，以及从技术岗位走向管理岗位的复合型管理人才。聚焦科技创新重大工程项目、重点企业研发中心，以及具有成长性的高科技企业，对企业引进紧缺急需的技术研发人才提供诸如户籍、资助、住房、奖励等方面的有力支持。积极实施工程师知识更新培训工程，以工程师、技术员为主要对象，大规模开展知识更新继续教育；以企业为主体，以政府补贴为手段，以工程师评审制度改革为动力，促使更多的专业技术人员参与培训项目。建立健全以企业为主导，职业技能院校为基础，政府积极推动和支持高技能人才培养开发计划，完善政府补贴培训机制，建设若干高技能人才培训基地，开展职业技能竞赛活动，实施首席技师培养选拔计划，对重点企业急需引进的高技能紧缺急需人才，在户籍、居住、子女教育等方面予以积极支持。

（三）积极引进培养社会事业领域的紧缺急需人才

围绕教育、医疗、文化等社会事业发展重点领域的优质化要求，大力加强紧缺急需人才开发，提高人才队伍的专业化、职业化和国际化水平。积极引进和培养一批在国内外有影响的名师、名校长、名医、文化艺术名家、学科带头人,充实领军人才队伍。对需要引进的紧缺急需人才,可进一步推行用人新机制,如兼职制、项目制等。通过专项培训、转岗培训等方式,加快紧缺人才培养。进一步完善专业技术职业资格制度,完善准入标准和注册管理,规范职业准入。在教育领域,重点加强教学骨干、学前教师、实训教师等紧缺人才培养;在医疗卫生领域,重点加强特色专科医生、全科医生、公共卫生员、护理、社区医生等紧缺人才培养;在文化领域,重点加强群艺馆员、群艺辅导员、特色文化创作等紧缺人才培养。

五、创新人才工作管理体制机制

坚持党管人才原则,以全面深化人才管理体制机制改革为抓手,着力构建适应开放型经济和创新型经济发展需要,适应现代化国际大都市建设和管理需要的人才工作新体制新机制。

(一)切实提高人才发展规划科学化水平

人才发展规划是关于人才发展的顶层设计,是人才工作的行动纲领。要深入贯彻"四个全面"大政方针,遵循社会主义市场经济规律和人才成长规律,更好地服务于国家战略和上海发展的重大任务,突出四个方面的谋篇布局:一是发挥"双自联动"优势推进人才制度创新,建设国家人才改革试验区;二是创新引进聚才政策,更大力度引进海内外高层创新创业人才;三是推进用人制度市场化改革,激发人才创新创业活力;四是完善公共服务,营造创新创业良好环境。要以规划为引领和基础,科学指导人才结构的战略性调整、人才资源的系统开发和公共资源的有效配置,科学构建各区县、各部门的人才发展规划体系,形成规划合力、执行合力,科学分解各区县、各部门的人才工作责任目标,更好地落实市委市政府确立的重要任务和重大举措。

(二)加快转变人才工作管理方式

要加强市场机制建设,培育和壮大市场主体力量,在培养开发、流动配置、人才评价和激励保障等重要方面切实减少行政干预,更好发挥市场作用。要突破部门利益束缚,形成推进合力。各相关部门要大幅削减审批和管理权,切实转变职能,为人才的创新创业放权松绑、创造宽松环境。要协同构建政府信息共享服务体系,为人才的创新创业提供大数据服务。要放宽社会组织科技创新基金和团体的政策限制,鼓励企业、大学、科研院所和个人出资设立科技创新基金,鼓励社会创办更多的科技创新类非政府组织。要坚持以用为本,构建以市场需求为导向的政策体系,引导大学、科研院所、企业和社会服务机构更好地面向全球、面向市场、面向创新。要加强地方立法工作,组织各方力量研究和制定促进人才发展的法规体系,依法推动人才工作。

第五章　深化科研院所体制机制分类改革研究

科研院所是上海建设全球科技创新的重要力量,也是建设全球领先知识创造与传播中心、全球领先技术研发积聚中心、高科技领先企业全球性积聚中心、科技创新资源全球性配置中心和科技创新成果全球转化中心等建设的主要载体。

第一节　研究背景

前期改革中,我国科研院所制度改革的两种基本取向:一是在基础研究、战略高技术和重要公益研究领域开展创新活动的科研院所,按照"职责明确、评价科学、开放有序、管理规范"的原则建立现代科研院所制度;二是对主要面向市场的应用技术研究和开发机构坚持向企业化转制,加快建立"产权清晰、权责明确、政企分开、管理科学"的现代企业制度。这些改革对完善上海区域创新环境、形成区域共性技术研究体系起到了积极的作用。

然而,从区域经济发展和企业发展对科技创新的需求来看,无论是事业单位改革还是企业化科研院所改制,都存在着"研发服务组织体系不完备""科研机构研发服务供给机制不完善""科研机构研发服务绩效评估不健全"等问题,严重阻碍了上海持续产业升级和区域创新体系建设。如何在前期改革的基础上积极争取国家科技体制改革和国家实施创新驱动发展战略的试点任务,完善分类改革机制,完善政策,鼓励科研院所成为知识创新的主体,上海应更积极地先行推进改革。

第二节 现状分析

一、前期改革及现状

上海是计划经济体制下的工业重镇,也是最早提出深化科研院所改革的地区之一,市委、市政府近年来在完善科研院所体系布局、加快事业单位体制改革、激发科研院所创新活力等方面采取了多项措施,区域创新技术研发和服务体系建设取得了一定的进展。

(一)科研院所主体布局初步形成

目前,上海已初步形成了由政府、企业、大学、国家实验室及一些专门的产业技术研究机构等共同组成的科研院所研发服务体系,呈现出以下两大特征:一是科研院所主体多元化,其中既有高校自建的产业技术机构,如交大先进产业技术研究院;也有校地合作共建的产业技术研究机构,如紫竹产业技术研究院;既有中科院及其他中央在沪科研机构,也有上海科学院等地方性科研机构;既有部属转制科研企业,如上海电缆研究所等,也有大企业、大集团主导的中央研究院,如上海电气中央研究院等。多主体、多样化的科技研发机构推进了上海产业技术的发展,构成了产业技术研发服务体系的核心支撑。二是载体形式多样化。研发公共服务平台为产业技术研发提供了重要支撑,比如风洞中心致力于搭建以大学为主体、将大学的学科链和汽车工业发展的产业链有机对接、为汽车产业从制造走向设计起到有效支撑和引领作用的基础装备平台。产业技术创新战略联盟成为产业技术研发与服务的有效形式,如上海半导体照明产业技术创新战略联盟由12家核心企业、5家高校、3家中科院在沪研究所组成,旨在围绕产业链的拓展和升级进行产业技术研究并积极开展技术服务,实现本市半导体产业整体竞争力的提升。

中央在沪研究机构有中科院下属研究所、国家产业集团、国防研究所(军转民技术)。

(二)科研机构成果转化体系初步建立

目前,上海已初步形成由成果扩散、转让、企业孵化等构成的科研机构研发成果转化体系:一是通过产学研一体化,推动开发过程中的产业技术扩散。高校、研究机构围绕国家战略性新兴产业,与行业优势企业共建研发机构,实现开发过程产学研一体化,共同开发产业技术,带动企业技术研发能力提升和产品升级。二是通过产业技术成果专利转让、授权、入股、订单式开发等,促进产业技术研发成果转化、扩散。如中科院上海高等研究院、上海交大、上海理工、华东理工等高校都设立了专门的技术转移机构,通过产业技术成果专利转让、专利授权或技术入股等方式转化产业技术研究成果。三是通过技术和产权交易市场促进产业技术成果交易转让。自1993年成立以来,上海技术交易所作为国家级常设技术市场,承担了产业技术成果转让和交易职能,通过组织举办展览会、研讨会、对接会、推介会、发布会等各类技术交易活动以及受理各类技术项目咨询,推动技术转移。上海联合产权交易所也发挥了促进知识产权和科技成果(项目)的转让交易功能。四是通过孵化、创办衍生企业,带动产业技术研发成果转化。如上海电缆研究所迄今已孵化建立了十几家高新技术企业;中科院上海高等研究院已经拥有23家控股和参股的投资及产业化公司。此外,上海还设立了产业孵化基金,以期孵化出行业中具有垄断地位的企业。

(三)科研机构财政投入体系逐步优化

近年来,上海财政资金对产业技术投入逐年加大。2011年全年用于研究与试验发展(R&D)的经费支出达568亿元,相当于全市生产总值的2.9%。上海市教委系统通过启动实施"上海高校知识服务能力提升工程",加大教育资金对产业技术研发的投入,2012—2015年每年拟投入2亿元,用于包括产业技术研发在内的知识创新平台建设。同时，上海还积极组建18家战略性新兴产业的投资基金，以创新投入方式，扩大投入规模。同时，国家和本市科技计划的实施在产业技术研发中发挥了重要作用，通过实施科技重大专项等科技计划的形式直接资助产业技术研发，针对性强、见效快，在加快突破产业关键产业技术、支撑重大装备研制和应用、培养高层次创新创业人才、优化科技资源配置等方面产生了积极的示范和带动效应。

（四）科研机构政策保障体系正在完善

为了确保科研机构研发能力的不断提升，上海不断强化人才、平台、企业等方面的政策环境营造，形成了从要素投入到成果转化的全流程扶持。从人才政策看，上海出台的各项人才政策、人才规划都包括产业技术研发人才；从财政政策看，上海制定的张江国家自主创新示范区政策、战略性新兴产业政策、鼓励企业自主创新政策中的财政税收政策，均支持产业技术研发创新；从土地政策看，上海市区两级政府都对产业技术研发服务平台用地有所倾斜，如上海交通大学与闵行区合作共建的上海紫竹新兴产业技术研究院得到了闵行区政府约600亩规划用地的支持，中科院上海高等研究院用地也由浦东新区政府无偿提供；从政府采购政策看，首台（套）业绩突破、政府采购等支持政策，对产业技术成果都有所涵盖。

二、存在的体制机制问题

（一）产业技术研发服务体系存在主体功能缺失和基础研发功能不足

在科研体制改革前，上海的产业技术研究所除大学以外主要是由行业所属的应用类科研机构承担的，国家通过科技计划、科技专项等形式对这类科研机构给予资助。1999年科技体制改革后，使原先承担产业技术研发和服务的应用开发类科研院所（包括产品研究机构、工艺研究机构）转制为企业或并入企业集团（原国家15个部属院所属地划归上海后，有8家转制成独立运行的企业，4家进入企业集团，2家进入大学，1家已无实体存在；90家市属院所转制后大部分并入企业集团,有近40%已无实体存在),为了自身生存和应付资产保值增值等考核指标的要求,往往更加热衷于短期内能够取得经济效益的竞争性技术和应用技术研究,而对于技术和市场风险较大、投入较多的产业技术的研发缺乏积极性,不愿也无力涉足,为全行业提供产业技术研发和服务的能力和公信力正逐步丧失。高校、中科院等以从事基础研究为主的机构在国家政策的引导下虽有向应用研究拓展的趋势,且取得了一定成绩,但总体上,囿于本身的功能定位和价值追求,还难以完全担负起产业技术研发和服务的重任,且主要在个别领域,面向部分大型企业(集团)提供技术研发服务。部分行业内龙头企业虽有将研发活动向产业技术领域延伸的趋势,但囿于我国企业的发展阶段,由企业担负起产业技术研发和服务的重任还为时尚早,尤其是在战略性新兴产业领域,还缺乏有能力开展产业技术研发的龙头企业。同时,由于转制院所中的大部分归属于"国资委",国资考核体系无法提供转制科研院所开展产业技术研发的动力机制。

(二)科研院所缺乏有效的整合、协同创新机制

为弥补市场失灵,政府努力构建公共研发机构和服务平台。在20世纪末21世纪初,上海在推进新兴领域的发展时开始意识到,要推动和促进新兴产业的发展,需要公共研发和服务的支撑。因此,相继建立了一系列研究中心、工程(技术)研究中心以及公共研发服务平台。这些机构的建立对加强新兴领域的研究开发起到了积极作用。

然而,产业技术研发系统具有层次性。目前,上海产业技术研发体系虽集中了政府、龙头企业、科研院所和高校,但采取的是单一的项目支持方式,其优点是进行公开招标、公平竞争,具有明确的技术研发任务,便于考核和管理,但缺点是,产业技术研发具有的基础性、前瞻性、长周期、高风险等特点可能与竞争性项目管理中的短期性、目标明确性等特点存在矛盾,与企业相比,产业技术研发机构更需要稳定的、持续性的资助,使这些机构内部能形成较为长期的发展战略,并根据战略合理配置组织资源和阶段性研发重点,在充分参与市场竞争的同时,拉长机构在产业技术研发中的产业链,致

力于竞争前技术的研发。同时，单一的项目竞争机制容易使各主体形成恶性竞争，而不同层次产业技术间的整合也没有系统设计，导致系统中各供给主体各自为政，无法形成合力。

（三）新型研发机构所需的政策法规环境有待建立

到目前为止，国家层面还没有专门支持从事新型研发机构发展的法规和政策，产业技术研发与服务的组织形式突破和创新还存在难点。企业的逐利性与产业技术研发服务的公益性、公共性存在冲突。民办非企业单位虽是公益性的，但其社会地位相对较低，难以获得政府稳定而持续的支持，也难以引进并留住最优秀的人才。

上海在前期首创的新型院所改革试点虽取得了一定的进展，但由于大部分新型院所改制过程中股权结构的多样性，使这些院所在改革试点中面临着多方绩效的压力。同时，该政策须多机构审批协调，就政策推进的力度和覆盖面而言，还只是"星星之火"。而外地正在推进的区域产业研究院大都属于事业单位性质的组织形式，虽然可以获得政府稳定而持续的资助，但正逢事业单位改革，加之事业单位的组织机制难以引进、留住最优秀的人才，也难以充分激发人才的创造性。

此外，各地还开展了一些介于企业和事业单位之间的组织形式，如深圳光启高等理工研究院、华大基因研究院等被称为"四不像"机构，以民办非企业机构的身份享受事业单位的某些待遇，有事业单位的待遇却不像事业单位运作，有企业化的运作机制却不像企业追本逐利，有人才培养、科研攻关的功能却不像纯粹的大学或科研院所。这种"四不像"现象既是对现有制度空白下的一种探索和创新，同时也是在缺乏法律规范和政策支持下的一种无奈，为了鼓励其开展产业技术研发，给其享受某些优惠政策，而不得不安上各种各样的名分。

（四）科研机构研发与服务创新的产出和扩散效率不高

上海虽然建立了一批产业技术研发服务机构，但总体上规模不大，服务能力有限，尤其缺乏中介服务体系。研发服务平台自身持续发展能力不强，再投入的能力有限,在科技成果转化中的服务模式有待改善。加上产业技术成果转化和扩散缺少合理完善的共享机制、考核方式、分配机制、激励措施,影响了资源配置、效率提高和科研人员的积极性,使目前的产业技术研发服务体系的影响力不大,很少有企业通过产业技术研发服务机构获得技术支持。

第三节　分类改革的目标、原则、分类和定位

一、改 革 目 标

深化科研院所分类改革,推进现代院所制度建设。把明确院所的功能和定位作为试点的首要要求,把完善院所运行管理机制作为试点的主要任务,引导科研机构聚焦创新方向、打造人才队伍,并在体制机制上先行先试、大胆探索,以点带面,形成突破。

二、基 本 原 则

（一）目标和需求相结合

既要紧紧围绕经济社会发展主战场,加强上海科技前瞻布局、产出重大创新成果、创新创业服务、培养科技人才,在上海建设全球科技创新中心中形成战略高地、技术高地和人才高地,又要立足当前在沪各类科研院所的运行特点,科学划分类别,研究政策体系和制度,破除现有体制机制中影响科研院所发展的障碍,鼓励社会力量积极参与,构建提供主体多元化、提供方式多样化的科学技术研发机构新格局。

（二）存量和增量相结合

明晰不同类别科研院所的运行特点,引导本市事业型科研院所重点从事基础性产业技术和公益性公共研发服务;支持企业转制科研院所在共

性技术研发与推广应用中发挥骨干作用，支撑引领上海先进制造业和现代服务业实现快速发展；吸纳中央在沪科研机构积极参与上海科创中心建设，将其自身发展与上海的科技发展规划和重大战略产业发展互动结合起来；激励新型研发机构搭建各类资源要素交易和服务平台，实现创新链与产业链的无缝对接。

（三）中央和地方相结合

在沪科研院所既要体现为本地的社会公众服务，围绕地方经济社会发展对公共科技的需求，发挥公共科技解决当地社会发展领域中重点、难点、热点的问题，推动地方经济社会健康持续稳定发展；同时也要继续当好改革开放排头兵和创新发展先行者，通过深化科研院所体制机制改革，为提升我国科研机构的整体创新能力提供积极探索。

（四）市场和政府相结合

以市场需求为导向，以市场应用促发展，发挥科研院所在科技创新决策、研发投入和科研组织及成果转化中的主体作用。树立政府在推进科研院所改革中的"积极不干预"政策，把改革重心放在降低对科研院所的体制性束缚、增加对各类科研院所的服务力度，以及有计划、有重点地增加有利于科技创新的公共产品投入和公共服务供给上。

（五）战略和路径相结合

统筹兼顾上海市国资国企分类改革、上海市事业单位人事制度改革、上海市经济社会发展和政府机构改革、上海市科研计划专项经费改革、上海市新型院所试点改革等，妥善处理好科研院所分类改革与以往科研院所改革政策、现行行业体制改革政策的衔接，把握改革节奏，按照行业特点、统筹兼顾，加强顶层设计的同时，分阶段、有重点地推进改革。

（六）激励和保障相结合

坚持以人为本，以调动科研人员的积极性为前提，以提高科研机构的能力建设为目标，在改革中切实发挥各级党组织的作用，保障职工合法权益，防止矛盾激化，维护社会稳定，确保改革顺利推进。同时健全创新资金投入与使用机制、创新人才队伍培养与建设机制、创新科研条件共建共享机制、创新成果共享与扩散机制、创新监督与评价机制等，保障改革落到实处。

三、分类和定位

（一）市属事业型科研院所

主要是面向世界科学前沿进行原始创新能力的培育、提升，瞄准学术上最难点的问题，以基础研究为主。研究成果和服务领域具有公共产品的属性，不具有排他性及竞争性，目的是为了实现社会利益的最大化。这类科研院所在接受政府财政支持、完成区域技术创新战略科研目标的同时，以保持独立自主性，实现最优化的科研管理为目标。

（二）中央在沪科研机构

主要是瞄准国家重大的战略需求，是上海科技创新领域里的国家队，是上海科技创新发展的重要依托基石和强大引擎，是上海市重大科研项目的主要承担者和合作者，是国家重大工程与上海科技产业融合发展的纽带。中央在沪科研机构指除中科院在沪研究所之外的中央各部委，或隶属央企的在沪研究机构，它们大多是原中央各部委所属的研究院所，或中央部委撤销后转为央企管理，大部分仍然是事业单位，"事业性编制，企业化管理，属地化运营"是它们在体制机制上的一个显著特点。

（三）企业转制科研院所

主要提供区域公益性、行业共性等应用基础技术、关键技术、前沿技术等研究开发与服务。其提供的技术和产品具有部分排他性和部分外部性特征，是一种准公共产品，容易形成政府和市场双重失灵现象。企业转制科研院所原部属科研院所自1999年7月1日起、地方科研院所自2001年1月1日起的以体制企业化、运作市场化为特征进行改革的科研院所。这类主体应在坚持市场机制、确保竞争活力的前提下，进一步加快转制科研院所的改革和发展，提高转制科研院所为社会提供公共技术服务的能力。明确加强以引领行业技术进步与发展，并以政府购买服务方式对建设新型科研机构的转制院所加以资金扶持与资助。

（四）新型研发机构

以其新型运行体制机制为区域的经济、社会可持续发展提供交易和合作平台。

这些研发机构的发展目标是瞄准国际前沿、集聚国际顶尖人才和团队、具有国际一流研发条件和水平的创新平台，以支撑引领战略性新兴产业发展为目标，集科技创新与产业化于一体，掌握新兴产业和行业发展话语权的领军型创新机构。

第四节 分类改革内容

一、上海市事业型科研院所

（一）强化公益服务属性

对经认定为从事基础性科研与服务的本市事业型科研机构，引导建立现代管理制度，进一步理顺体制、完善机制、健全制度，强化公益服务属性，不断提高公益服务水平和效率。

（二）完善运行管理体制

按照政事分开要求，理顺行政主管部门与事业型科研机构的职责和关系。面向社会提供公益服务事业，积极探索管办分离的有效实现形式，逐步取消行政级别，探索建立理事会、董事会、管委会等多种形式的治理结构，健全决策、执行、监督机制，强化公益属性，提高运行效率，确保公益目标实现。

（三）深化人事和分配制度改革

建立健全符合科研机构特点的岗位管理制度。探索全职引进和兼职引进相结合的办法,鼓励科研、企业、政府人员相互挂职,实现人才"柔性旋转门"。发现和培养一批科研院所领军人物,健全与高端科研院所相适应的薪酬制度和职务职称体系。在基础研究类项目中探索放开用于人员的经费比例限制,由单位结合科研人员工作量统筹安排,进一步激发科研人员从事基础研究的积极性,培育创新源泉。

（四）完善财政支持方式

简化科研项目经费预算编制,对面向社会提供基础、前沿技术和社会公益服务而不能或不宜全部由市场配置资源的科研院所,按照核定收支、定额或定项补助、超支不补、结转和结余按规定使用的原则,合理安排科研院所单位预算。改进科研项目结余资金管理,科研项目完成任务目标并通过验收且承担单位信用评价好的,经核定,项目结余资金不再收回,由单位在一定期限内统筹安排用于科研活动的直接支出。

（五）创新绩效评价机制

制定符合科研院所特点的考核办法,以推动事业型科研院所核心能力为目标,加强重大科技研发和前瞻性技术预测的知识成果储备,形成决策部门、社会用户、学术同行和本单位相结合的评价指标体系。

二、中央在沪科研院所

（一）建立高层合作机制,加强需求和能力对接

借鉴中科院和上海的院地合作模式,与央企达成主要目标为科技创新和战略产业发展的合作框架。把央企及院所承载的国家重大科技项目和产业战略任务与上海的科技发展规划和战略产业发展互动结合起来,使中央在沪科研机构的优质资源转化为上海的产业优势。如海洋装备方面,规划上就将一些军民两用技术及产品开发纳入上海重点领域,科研和产业规划都要落实到这些院所。两个方面协调一致,院所与地方经济发展的结合度就会高。

每年相关政府部门发布的科研项目指南,应该征求各家中央在沪科研机构的意见,从源头上让大家参与到上海科技创新中心建设中。同时,规定的项目资金匹配比例应该区别对待,不要一刀切地硬性要求。

(二)建立和完善中央在沪研究机构与上海市各有关部门的协作创新平台

中央在沪研究机构来自各个专业领域,各自都有其特色和优势,市场化、社会化的组合和对接非常重要。但一个专业化的信息对接、需求服务、创新协作的平台十分需要。上海科学院就是这样一个平台,并且在过去20多年中发挥了一定的作用。但从建设科创中心的角度看,这个作用发挥远远不够。一是赋予的职责不够,要从一般的地方行政事务服务上升到协作创新平台的功能;二是服务的范围不够,要从仅仅中船、中电系统为主扩大为全市所有的中央在沪研究机构,从而可以整合更多的科技创新资源;三是运作的模式机制和队伍的能力结构都要按新的要求调整和提升。(中央在沪研究机构对上海科学院的作用寄予很大期望。)

(三)围绕重大项目或战略产业,形成政策服务的组合拳

目前上海市政府各个部门对中央在沪研究机构的支持是积极的。但由于各自支持的领域和项目不同,存在碎片化的现象,因此效果有限。特别是在应用技术领域的基础研究、前瞻性的技术预研发等方面相当薄弱,没有引起足够的重视。而前瞻性的技术预研发是产生原始创新、催生战略新兴产业必不可少的工作。建议在顶层设计的指导下,以战略新兴产业为目标,从技术预研、成果转化、产业化以及示范推广等整个过程,形成政策支持的组合拳,结合市场化运作,带动骨干企业和大批中小企业,迅速形成产业优势。

(四)梳理各项政策效果,支持中央在沪研究机构的发展需求

对中央在沪研究机构所关注的人才问题(包括户籍政策、居住证条件、经济适用房政策等)、发展需求问题(包括土地、基本建设、配套设施、融资等)、创新激励问题(例如有关知识产权、股权激励、工资总额、政府采购等),有的政策牵涉政府多个部门,有的政策时松时紧,有的政策需要突破。因

此,政策不但要梳理,更要形成各部门执行政策的一致性,为中央在沪科研机构的发展创造一个好的制度环境。

(五)关注中央在沪研究机构的体制改革,加深它们与上海地方科技和经济的关联互动

央企所属的研究机构的体制改革已经提上日程,除少数国家或军方特殊要求的院所以外,大部分院所要实行企业化改制。也就是说,这些院所的市场化程度将越来越高,势必产生自身产业链的拉长。这种产业链拉长的结果是在上海本地溢出,还是到外地寻求发展,取决于上海的创新创业环境、商业环境、产业环境、市场环境,也包括上海的社会文化生活环境和自然生态环境。上海应不失时机地组织这些院所与地方科技和产业部门对接,促进双方融合发展。借深化改革的好时机、大环境,大力推行创办混合所有制企业,努力破解体制下的人才激励问题。

三、企业转制科研院所

(一)聚焦转制科研院所进行共性技术研发和公共服务能力功能

对于已经转企的科研院所,在继续保持转制科研院所改革市场化和运行企业化的前提下,从局部或者整体上对其承担的社会公共职能给予支持:各转制科研院所可依托已有的、具有较强公益性和战略性的共性技术研究基础,建设重点实验室或工程技术研究中心,由科技主管部门根据考核评估结果给予相应的资助。

(二)探索非营利性科研院所法人治理结构

对具有突出共性技术研发能力和显著行业技术服务能力的转制科研院所,在其研究开发及专业技术服务功能与产品生产功能进行分离后,以其研发服务功能为基础,整建制的转为"新型科研院所",实施章程式管理,并将改革方案和年度计划报市科委和主管部门备案。由科技主管部门会同相关部门进行绩效评价,通过政府购买服务方式给予相应的支持。

新型科研院所实施投资主体多元化改革的,各类投资主体应承诺确保其公共职能的职责担当,保障相应能力建设的必要投入。原国有资产产生的投资收益应全部用于其承担的公共职能以及与其公共职能相关的能力建设。新型科研院所的税后利润应全部用于其承担的公共职能以及与其公共职能相关的能力建设。

(三)鼓励转制科研院所发挥技术溢出效应

充分利用行业共性技术、研发仪器设施、实验室、专业技术人才和场地等优势,探索"孵化+创投"的孵化器发展模式,积极创办专业孵化器。符合本市科技创业孵化器条件的,可享受本市科技创业孵化器的扶持政策。转制科研院所原有的产品生产等其他非公共职能,可逐步从新型科研院所分离成为独立运行的衍生企业。新型科研院所可以控股、参股等方式,设立衍生企业。

(四)对新型科研院所在产业共性技术研究开发和服务中承担的公共职能

由市科委每年会同相关部门委托第三方机构进行绩效评价,根据绩效评价的结果,通过政府购买服务的方式,对新型科研院所实际承担的公共职能给予机构式资助。其获得的资助经费应当全部用于承担公共职能以及与其公共职能相关的能力建设。

四、新型研发组织和平台

(一)开展试点

作为上海探索现代院所制度建设的重要内容,开展新型研发机构建设的试点工作,发挥试点机构示范带动作用。探索"价值观引领、章程式管理、机构式资助、第三方评估"的新型研发机构的资助模式,把明确院所的功能和定位作为试点的首要要求,把完善院所运行管理机制作为试点的主要任务,引导科研机构聚焦创新方向、打造人才队伍,并在体制机制上先行先试、大胆探索,以点带面形成突破。

（二）机构式资助

对于符合我市科技发展的重点前沿领域、由科学家背景的企业家领衔组建的新型科研机构,拥有巨大发展潜力的机构,通过重大专项基金和项目支持等方式,以机构式资助为主要方式,重点和持续支持新型机构的发展。

（三）普惠式支持

对一些小型、处于初创期、创新活力强的新型研发组织进行普惠式资助,提高普惠支持力度；在科技项目投入上,结合科技计划管理改革,更多地给予民营研发组织参与项目竞争的机会；鼓励科学家创业,发挥各级创业投资引导基金作用,鼓励创业型科学家牵头设立战略性新兴产业领域的科研机构,培育发展新型产业技术研发组织。

（四）税收优惠

给予新型研发组织科研仪器设备进口环节税收优惠,对符合非营利科研机构条件的新型研发组织给予"四技"合同减免税优惠；对符合条件的非营利性、独立法人科研机构,其进口国家规定范围内的科学研究和技术开发用品,可予以一定支持。

（五）便利举措

对各类市场化新型研发组织,便利民办非营利机构（简称"民非"）组织注册,如允许创客等民营组织进行社会组织登记,在开放公共服务资源、公共科技服务平台等方面出台便利政策的操作细则。

第五节　深化体制机制保障

一、加强顶层设计

一是根据国际产业竞争、国内制造业"由大变强"的迫切要求,审时度势,着眼长远,制定上海产业技术体系发展相关规划,聚焦上海重点产业突破。

二是组建产业共性技术管理部门和机构,在科研院所的行政管理上形成政府、市场和社会三位一体的组织管理体系。

(1)政府层面,成立在沪科研院所协调领导小组,领导小组由市委、市政府分管领导担任组长,市有关部门主管领导为成员,负责重大专项的顶层设计、重大事项决策和组织协调。领导小组办公室设在市科委。(2)市场层面,成立上海市科技创新企业家理事会,下设科技创新交流论坛,论坛起到交流科技创新经验、传递最新科技创新信息、发布最新的科技创新动态作用。理事会成员除在沪科研院所协调小组成员外,还包括上海各类科研院所代表及在沪各类企业代表。理事会秘书处设在科党委(或上海产业技术研究院内)。(3)社会层面,采取政策激励,鼓励成立各类性质的第三方独立评估专业机构;鼓励成立在沪科研院所联合会,可挂靠在科协下,成为在沪科研院所的第三方行业平台;鼓励成立科技服务业行业协会,进行科技服务领域的行业标准制定、行业自律和诚信系统体系建设。

二、规范财政支持

(一)设立产业共性技术财政专项,建立产业共性技术发展基金

财政在科研管理上应采取专业设计、分散管理、多方出资、市场竞争的机制,权责明确。由于产业共性技术的科研创新周期长、回报慢,政府有必要对其进行规划和给予长期支持。在沪科研院所协调领导小组办公室应定期召集相关理事会、联合会和行业协会等,商讨制定未来一段时期的上海科技发展战略。该战略将指引本市科研方向,确定产业共性技术发展基金财政预算总额,但不涉及具体操作领域。

(二)在产业共性技术发展基金预算总额度内,政府各职能部委负责设计、管理其职权领域内的科研项目

科研经费总体一部分通过退税、补贴的方式资助企业,另一部分则

通过"科研竞赛"的悬赏方式在全社会汲取民智。政府设立半官方背景的"基础技术研究基金会",以"机构式资助"的方式重点支持缺乏经济价值但理论意义重大的基础科学项目。而对于一些被市场看好的项目,鼓励科学家或科研院所通过企业资助、风险投资等民间渠道解决经费,政府则加大减免税款、配套支持、购买服务和后资助力度。

（三）对于财政部分对科研院所产业共性技术的投入,要严格审计

一是使用目的严格限定。借鉴西方各国做法,对经费中"劳务""杂费"开支严格限定,不能作为主要开支。二是多方审计。出资的政府部门、接受项目的科研院所、地方审计局都将对项目经费细目严格审核,一旦发现不实行为将立刻终止资助及追究责任。三是报表公开。为了保障纳税人的知情权,所有官方背景的科研项目都应公开其财务报表,接受公众监督。

三、深化人事制度改革

人才是产业技术体系发展的核心要素之一。上海核心技术研发的人才群体绝大多数属于事业单位,按照目前的体制机制,很难承担起全球创新重任。在深化人事制度改革中,要调动各类人员的创新创业积极性,实现人员无障碍流动、薪酬市场接轨、创新权益充分保障。

（一）尊重和规范科研人员的智力资本

允许和鼓励科研人员把在研究所获得的科技成果向企业转移,所获知识产权收益,按成本原则在研究所与科技创新科研人员及团队之间分配,包括那些承担行政职务的团队负责人。

（二）允许和鼓励科研人员离岗创业

在约定的创业期间保留其原有身份和待遇;鼓励和允许科研人员在完成本职工作前提下在职创业或到企业兼职,并可获得相应个人收入或股份。

（三）鼓励知识产权局在科研院所内联合设立知识产权服务机构

配置更多的专业人员,促进科技创新成果及时转让,并更好地引导科

技创新与社会需求对接；鼓励科研院所通过产学研合作和知识产权入股获得发展资金,并增强这部分资金使用的分配自主权。

（四）搭建网络、平台与区域平台,为科研院所发展提供更有利的区域环境

一是启动科技创新数据库建设、设立科技创新资源共享平台。由上海市科技创新领导小组推进办牵头设计并实现一个集项目管理、财务管理、用户管理等于一身的科研项目管理系统。加大对各类科研院所的政策宣传力度,利用社会化媒体共建政策网络平台。

二是围绕科研院所形成若干自主创新示范区。依照本市产业发展战略目标,分类制定相关政策,因地制宜地使用政策工具。在一些产业基础雄厚、创新能力强、创新资源密集的地区,率先规划建设一批产业技术创新服务平台和中试基地,为新一轮产业升级创造条件。

三是聚焦产业重大需求,抓紧建设一批公共产业技术创新服务平台,优化要素配置,鼓励企业或企业联盟建设中试基地。鼓励高校科研院所、金融机构及其他社会主体与企业共建产业技术创新服务平台和中试基地。各地有规划、有步骤地安排专项经费支持平台和中试基地的建设和发展,特别是在战略性新兴产业领域,鼓励、支持平台和中试基地面向社会开放共享与服务。

第六章　构建市场导向的产学研协同创新机制研究

上海科创战略的全面实施以及深化科技体制改革最新举措的发布，产学研协同创新作为有利于提升企业创新能力、促进创新链和产业链有机衔接、推动产业结构调整的重要举措，具有重要的研究价值和实践意义。上海重点高校资源丰富，在产学研协同创新方面具有显著优势。然而，上海在建设具有全球影响力的科技创新中心建设过程中仍存在阻碍产学研协同创新的体制机制问题。本文将在分析上海产学研协同创新现有体制机制问题的基础上，借鉴德国创新网络计划的成功经验，为上海市构建市场导向的产学研协同创新机制提供对策建议。

第一节　上海产学研协同创新中的体制机制问题

一、学研主体体制难以适应市场化需求

学研创新主体是上海建设具有全球影响力的科技创新中心的重要力量，也是当前产学研协同创新中的重要组成部分。自科创中心目标提出以来，科研院所和高等院校开展了深入的体制机制改革，在构建市场导向的产学研协同创新机制方面取得了一定的成果。然而，学研创新主体的行政化特征依旧明显，降低了学术研究和科技创新的自由度，同时又缺乏市场化运营的中介机构，在一定程度上阻碍了上海科创事业发展。

（一）科研院所在产业技术研发服务体系中存在功能缺失

1999年科技体制改革后，使原先承担产业技术研发和服务的应用开发类科研院所（包括产品研究机构、工艺研究机构）转制为企业或并入企业集团（原国家15个部属院所属地划归上海后，有8家转制成独立运行的企业，4家进入企业集团，2家进入大学，1家已无实体存在；90家市属院所转制后大部分并入企业集团，有近40%已无实体存在），为了自身生存和应付资产保值增值等考核指标的要求，往往更加热衷于短期内能够取得经济效益的竞争性技术和应用技术研究，而对于技术和市场风险较大、投入较多的产业技术研究缺乏积极性，不愿也无力涉足，导致为全行业提供产业技术研发和服务的能力和公信力逐步丧失。

由于上海在战略性新兴产业领域还缺乏有能力开展产业技术研发的龙头企业，因此在产业技术研发体系中，科研院所仍需承担产业技术研发和服务的重担。然而，以从事基础研究为主的传统科研院所，总体上受限于自身的功能定位和价值追求，难以完全担负起产业技术研发和服务的重任。同时，由于转制院所中的大部分归属于"国资委"，国资考核体系无法提供转制科研院所开展产业技术研发的原生动力。目前，上海科研院所的研发服务主要面向大型企业，技术创新的溢出效应十分有限。

（二）高等院校行政化倾向降低创新成果转化效率

从统计数据上来看，近年来上海高校技术转让数量和金额呈现持续下降态势（如图6-1所示），但专利申请和授权量仍呈现平稳上升状态（如图6-2所示），表明高校的科技成果转化意愿并不强烈，这与高校存在的行政化倾向有关。

在科技成果转化过程中，一旦高校科研人员形成的专利成果被认定为职务发明，其转化过程将不可避免地纳入到国有资产管理体系中，此时，国资管理介入时机将对成果转化产生重要影响，也给高校科技成果转化的管理工作带来诸多行政审批上的风险因素。从高校管理角度来讲，由于考核体系中，科技成果转移转化并非重点考核指标，但转化过程中却要承担国

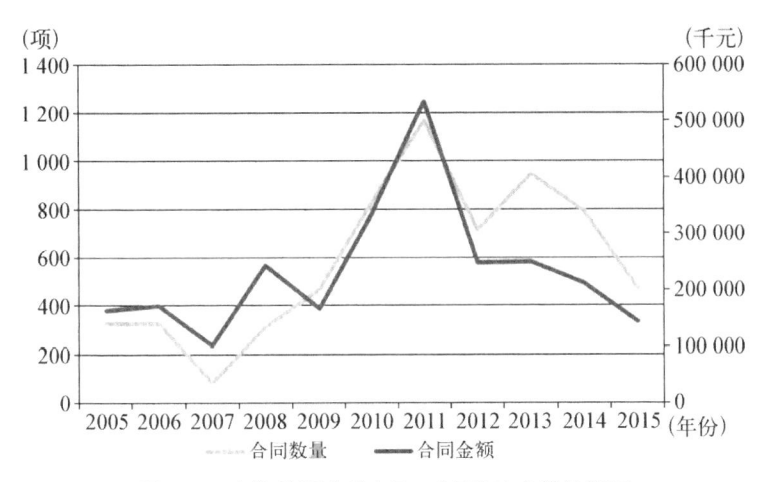

图6-1　上海普通高校(理工农医)技术转让情况

数据来源：《上海市科技统计年鉴(2006—2016)》。

图6-2　上海普通高校(理工农医)发明专利申请、授权、拥有数

数据来源：《上海市科技统计年鉴(2006—2016)》。

有资产管理的种种风险,导致高校的积极性始终不高。这种情况下,以往科研人员多采取"体制外循环"方式转化成果的行为。某高校自行创办企业并引发事故的案例就是典型的"体制外循环"方式。事实上,科研人员在体制外成立公司的现象早已非常普遍(上海市科研人员或其亲属朋友开办的"地下公司"不计其数),但历来高校、科研院所管理人员对这种现象装聋作哑,科研团队成员讳莫如深。从某种意义上来说,高校科研院所在体制外

自办公司是体制机制不完善倒逼所致,体现的是高校和国资管理体制上的行政化和官僚化。

(三)中介机构尚未解决市场化运营问题

科技中介机构历来是产学研协同关系中的重要桥梁,也是科技成果转化中重要的衔接主体。上海科技中介服务体系建设在持续推进的过程中,部分中介机构过分依赖政府政策优惠和财政补贴,导致科技中介服务体系长期以来难以实现完全的市场化运营。特别是一些具有政府资助背景的民非型科技中介,缺乏市场导向的运营机制,发挥的效用十分有限。

以上海产业技术研究院(以下简称"上海产研院")为例,作为上海市市委、市政府增强共性技术研发与服务、建立健全应用技术创新体系的一项重要部署,上海产研院承接了包括战略咨询、联合研发、成果转化在内的一系列重要功能,是产学研深入合作的重要桥梁。为了规避事业单位体制机制的束缚,上海产研院在成立时以民非性质注册,但在前期运营过程中,仍然主要依托上海科学院的经费资源和人力资源开展相关工作,形成了"两块牌子,一套班子"的实际运营模式,难以实现真正的市场化运营。这与以民非性质建立科技中介的初衷背道而驰,体制内的约束在上海产研院内部依旧存在,导致市场化运营的目标难以达成。此外,上海科学院的员工兼职产研院的主体工作,但薪资水平仍按照事业单位标准发放,不可获得兼职工作的收入,致使产研院内部的积极性始终不高,难以对关键的技术人才和中介人才产生良好的激励作用。

二、科研人员管理机制与创新需求对接不畅

上海核心技术研发的人才群体绝大多数属于事业单位,按照目前的体制机制,很难承担起全球创新的重任。

高校和科研院所的科研人员考核制度仍以论文和专利产出为主要指

标,这与两类组织的主体功能是相对应的。然而,地方创新需要科技成果由论文或专利向经济收益转变,从这一角度来讲,高校和科研院所科研人员在科技成果转移转化的原生动力上具有先天不足。由于成果转化的经济收益不在考核制度之内,同时高校和科研院所科技成果的国有属性在一定程度上阻碍了科技成果的有效转化,使得科研人员往往专注于研究工作,或仅重视科技成果"转移",而对科技成果转化望而却步。

为了规避科研人员考核机制本身与科技成果向经济收益转化过程中的鸿沟,上海在鼓励离岗创业和兼职创业方面出台了相关政策,但在实际工作中,通过离岗创业或兼职创业形式参与科技成果转化的案例较少,表明离岗创业不是科研人员最愿意接受的模式,不足以激励科研人员的积极性,离岗创业的体制机制还有待理顺。《上海促进科技成果转化条例》第17条明确,研发机构、高等院校的科技人员可以按照本市有关规定,经所在单位同意,通过离岗创业、在岗创业或者到企业兼职等方式,从事科技成果转化。国务院发布的实施《中华人民共和国促进科技成果转化法》若干规定中也指出,国家设立的研究开发机构、高等院校科技人员在履行岗位职责、完成本职工作的前提下,征得单位同意,可以兼职到企业等从事科技成果转化活动,或者离岗创业,在原则上不超过3年内保留人事关系,从事科技成果转化活动。研究开发机构、高等院校应当建立制度规定或者与科技人员约定兼职、离岗从事科技成果转化活动期间和期满后的权利和义务。离岗创业期间,科技人员所承担的国家科技计划和基金项目原则上不得中止,确需中止的应当按照有关管理办法办理手续。

在科研人员科技成果转移转化过程中,科技中介人才具有重要的桥梁作用。由于科研人员长期从事专业的研究工作,对市场需求难以有精准的把握,也缺乏必要的业界人脉进行成果推介,因此对中介人才有较高需求。然而,目前上海科技中介人才数量极度匮乏,处境也较为尴尬。由于科技中介市场化运营体系还不成熟,人才收入有限,同时外来中介人才在户籍方面也受到一定限制。上海"科创22条"中提出,"充分发挥户籍政策在国内人才引进集聚中的激励和导向作用",并在居住证办理、直接入户等方面提出了要求,上海市人力资源和社会保障局发布了《关于服务具有全球影响力的科技创新中心建设实施更加开放的国内人才引进政策的实施办法》,并将创新创业中介服务人才纳入到重点引进人才范畴内。但在实际操作中,办理居住证和户口时,《实施办法》却采用"技术合同"的概念,以《科技进步法》所规定的四技合同(技术服务合同、技术开发合同、技术咨询合同和技术转让合同),直接把《促进科技成果转化法》所规定的合作实施、作价投资合同甚至其他更有利科技成果转化创新的合同排除在外,导致"发挥户籍对科技成果转化的杠杆作用"失去效力。据了解,截至2016年5月31日,无一例中介机构人员成功办理户籍入户登记。

三、国有企业经费管理不利于创新活力激发

从结构上来看,上海国有企业在产业体系内所占比重较高,在航空航天、电子电器、集成电路、汽车制造等领域内具有很高的创新动能,是上海产学研协同创新的关键创新主体。然而,在现有国有资产管理体系下,国有企业科研经费的管理机制缺乏灵活性制约了国有企业创新活力的激发。

根据课题组成员针对上海部分国有企业科研管理体制的调研结果显示,在现有科研经费管理体系下,各管理部门对于国有企业如何使用财政科研经费尚未达成一致意见,致使经费处置权未能真正下放,制约了国有企业的创新活力。从相关研发人员的反馈信息中可知,财政科研经费下拨到国有企业后,使用方式与高校和科研院所的实报实销方式存在很大差异,客观上增加了科研经费支出的难度,也在一定程度上对企业绩效产生敏感影响,将在很大程度上增加企业使用财政经费进行创新的风险,降低上海部分国有企业在地方层面与相关政府机构合作进行科技创新的动力。事实上,国有企业财政科研经费的使用问题反映的是国有企业上级监管体系

的行政化倾向,另一方面暴露出各级政府机构在协调机制上仍有进步空间。

同时,国有企业科研人员现有薪酬体系受到事业单位工资体制限制,对一线科研人才的激励举措十分有限,股权激励的方式方法也还在摸索过程中,尚未取得实质性进展,导致国有企业难以留住优秀的科研人才,高薪挖角现象层出不穷。

四、政府科技管理缺乏长效激励机制

政府科技管理对产学研协同创新的激励效应仍不显著,这主要反映了激励机制中的两个突出问题。

(一) 缺乏对长期项目的激励机制

目前,上海产学研合作的政府激励模式主要有两种:一是以产学研合作项目(合同)为主体进行直接资助,采取事后补贴形式。以经信委推出的"四新"服务券(新技术、新产业、新模式、新业态)为代表,以校企双方的产学研合作合同为主要考核依据,满足一定条件后即可申请当年的"四新"服务券。资助形式为直接资助,事后补贴,企业可获得经信委10万元的支持额度,合作高校也可获得市教委10万元的支持额度,总体上资助额度仍较小。二是以产业技术专项资金申请为基础,要求企业与高校或科研院所联合申报,采取项目式资助形式。以《上海市产业转型升级发展专项资金项目(产业技术创新)》为例,其中专门列出了重大项目产学研联合攻关专项,要求项目牵头申报单位须联合高校或科研院所共同申报,并建立产学研长效合作机制,在合作模式上有特点、有创新。

总体而言,上海政府产学研合作激励机制多以项目合作(合同)为抓手,进行直接资助,缺乏对长期合作项目的滚动式激励机制,也缺乏间接资助等多元化的资助手段,使产学研合作停留在项目合作阶段,难以建立合作网络基础,阻碍了产学研协同创新网络的产生。在课题组成员的调研过程中,相关研发人员也指出,上海市级层面的科研项目资助多为短期项目,很难与企业制定的长期研发规划进行匹配,也不利于企业与高校和科研院所开展长期合作。企业一般会建立一个长期的战略性科研规划,并根据市场和技术变革情况,定期进行滚动修改。而上海目前的产学研科研资助项目以短期资助为主,在每年申报地方财政科研经费资助时都需要单独列出一些短期项目配合申报工作,这些短期项目实际上是很难支撑企业长期研发规划的发展。

（二）缺乏有效的产学研合作效果评价机制

纵观现有各产学研合作资助项目的实施细则,普遍缺乏对产学研合作效果的有效评价。对产学研合作项目的评估工作流于形式,难以考察产学研的实际合作效果,对项目过程中高校、企业和研究院所的互动情况和实质合作缺乏了解,尚未形成有效的指标体系用以识别产学研合作的发展阶段及协同效果,不利于现有激励机制的完善。

第二节　国外经验借鉴：德国创新网络计划

德国形成的一系列以产业集群为核心的创新网络,是国外一类较为典型的产学研协同创新网络。德国政府近年来提出的创新网络计划,通过间接资助手段促进了产学研各创新主体间的深入合作,加快了高新科技成果的市场转化效率。

一、创新网络的形成

德国创新网络的前身和基础是产业集群,自1995年开始,联邦政府陆续推出了若干促进产业集群发展的规划(如表6-1所示),极大地推动了创新集群的发展,为创新网络的建设奠定了基础。

表6-1 德国联邦政府产业集群计划情况

计划类型	计划名称	具 体 内 容	开始时间
生物区域家族	生物区域（BioRegio）	总资助额7 500万欧元。它的支持对象是生物技术，主要面向新创企业，选取国内最有竞争力的生物创新区域进行发展	1995年
	生物形象（BioProfile）生物未来（BioFuture）生物机遇（BioChance）	将在技术应用和转化方面有特色的区域纳入到支持范围中，并扩大到农业、营养等领域。2004年的补充计划重点对新创生物技术企业的高风险应用研究项目给予支持，特别鼓励产学研合作	1996—2004年
	生物产业2021	计划资金1亿欧元，以加强德国在全球"白色产业"中的地位	2006年
	生物制药大赛	将为一批研究团队提供为期6年的扶持经费，将科学创新继续发展为有市场前景的产品并创办一家生产型企业，未来十年计划提供1.5亿欧元资助	2007年
创新区域家族	创新区域（InnoRegio）	选取具有创新网络和地区合作优势的项目进行资助，最终选出了23个地区予以支持，预算2.56亿欧元	1999年
	跨区域联盟	对跨区域创新网络给予最高8.5万欧元的启动支持	2001年
	创新能力中心	给东部地区大学和科研机构提供了支持，为促进年轻研究团队和企业之间的合作	2002年
	创新形象（InnoRrofile）	到2012年教研部预算投资1.5亿欧元，重点支持年轻科学家团队申请的市场导向类项目，启动了配套计划支持研究团队技术转移	2005年
	2020创新伙伴	在2013年至2019年间将投入5亿欧元，通过支持东西部研发创新合作，推动德国东部地区科研能力特别是企业技术创新能力的提升	2012年
综合类家族	创新区域增长核心	2001年开始对每个获胜区域持续支持3年，截至2010年，共提供1.5亿欧元资金，它有强烈的产业发展和经济增长指向，申请条件也偏重硬件，该计划主要支持中小企业(联盟)、产学研联盟和独立研究机构、重点支持应用研究和原型发展	2001年

(续表)

计划类型	计划名称	具 体 内 容	开始时间
综合类家族	顶尖集群竞争	该计划既关注新兴产业,也关注成熟产业,希望通过竞争选出并资助在特定领域属于国内最高端的集群	2007年

资料来源:根据陈志,丁明磊.面向集群的创新政策:德国集群计划的经验[J].科技进步与对策,2014,05:92-95.整理[①]。

创新能力网络行动(Kompetenznetze Deutschland)是近年来德国创新网络建设的主要计划,由联邦经济与技术部负责组织和实施,以最具有创新能力的集群为支持对象(不限于新兴产业),每两年进行一次评审,致力于在划定区域促进具备较好创新能力的技术创新和应用者相互联络并组构网络,由此强化技术、产业和市场之间的联系。创新能力网络行动计划设办公机构,为入选技术网络的成员提供系列服务。从2007年5月起,联邦经济部委托柏林VDI/VDE技术创新公司来管理网站,并面向参与行动的技术网络成员提供技术商务咨询、与行动合作伙伴或相关经济组织牵线搭桥、向政府部门反映情况等相关服务。到2011年,纳入创新能力网络行动管理和服务范围的技术网络超过100个,其中,大型企业超过450家,中小企业超过6 000家,科研机构超过1 600家,服务业主体超过1 000家(驻德国经商参处,2013)。

德国目前的创新网络(技术网络)主要分布在生物技术、运输和机动、制造和工程、能源和环境、微电子-纳米-光学、卫生和医药、新材料和化学、航空航天、信息通讯产业。创新网络的区域分布情况如图6-3所示。创新网络多由高校、研究院所、企业等多方主体构成,成员数量一般多于15个,其中企业数量占50%以上。

[①] 陈志,丁明磊.面向集群的创新政策:德国集群计划的经验[J].科技进步与对策,2014,05:92—95.

图6-3　德国创新网络的区域分布

资料来源：根据Bundesministerium für Wirtschaft und Technologie. Kompetenznetze Deutschland 2007［EB/OL］. www.geokomm.net/index.php/ 翻译整理①。

二、创新网络的组织模式

德国创新网络的管理多委托专门机构或由网络中的牵头单位负责，联邦政府和州政府一般不直接参与创新网络的管理，而是以引导、发起、组织、资助为主。典型创新网络的组织和结构如图6-4所示。

---

① Bundesministerium für Wirtschaft und Technologie. Kompetenznetze Deutschland 2007［EB/OL］. www.geokomm.net/index.php/.

图6-4　德国创新网络的组织和结构示例图

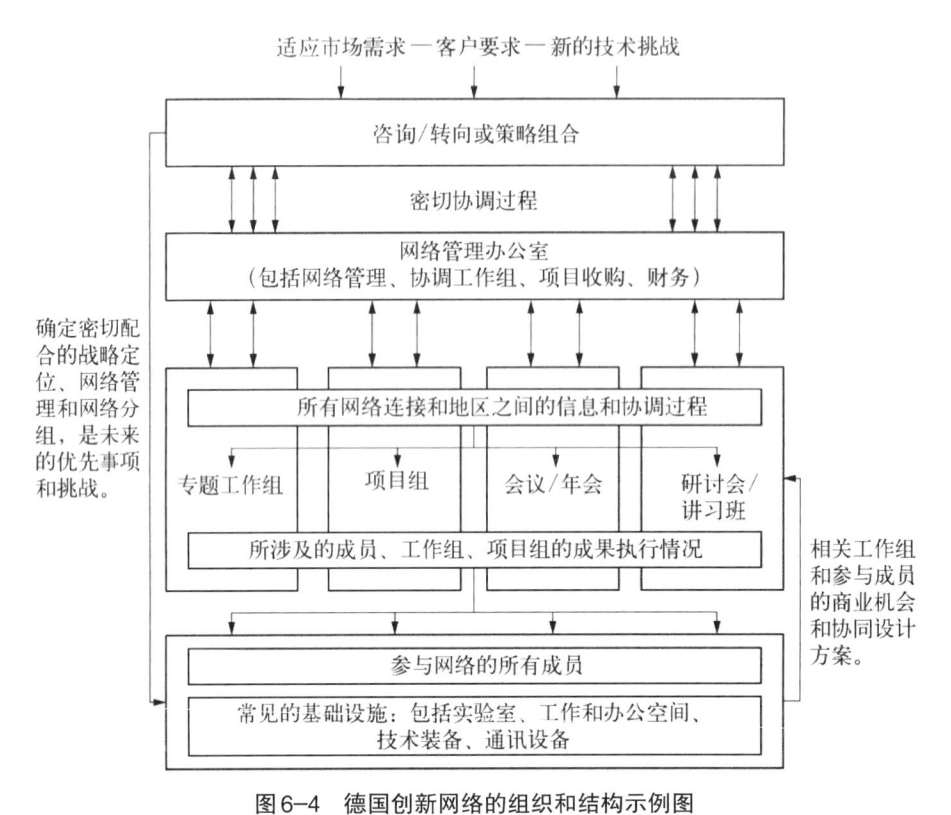

资料来源：根据Bundesministerium für Wirtschaft und Technologie. Kombpetenznetze initiieren und weiterentwicheln[R]. 2008. 翻译整理[①]。

德国创新网络在生物技术领域发展良好，在此以柏林-勃兰登堡生物技术区为例，对该区域内的生物技术创新网络进行描述，并详细介绍两个创新网络的情况（见案例1与案例2）。柏林-勃兰登堡生物技术区已拥有13个生物技术产学研网络，它们是生物杂合技术网络(BioHyTec)、生物信息学网络(The Berlin Center for Genome Based Bioinformatics)、功能基因组网络(Center for Functional Genomics)、糖生物学网络(GlykoStrukturFabrik)、营养基因组网络(Nutrigenomics)、柏林布赫个体化医学健康网络(Berlin-Buch Health Region)、植物基因组研究网络(Genome Analysis of the Plant

---

① Bundesministerium für Wirtschaft und Technologie. Kombpetenznetze initiieren und weiterentwicheln [R]. 2008.

Biological System)、蛋白质结构研究网络(The Protein Structure Factory)、再生医学网络(Regenerative Medizin Initiative Berlin)、RNA技术网络(RiNA Network for RNA Technology)、癌症诊断网络(The Network for Pre-symptomatic Tumor Diagnostics)、超结构网络(UltraStruktur)、白色生物技术网络(Network White Biotechnology)。

案例1：糖生物学网络（Glyko Struktur Fabrik）

2003年，专门针对糖生物科技产学研合作的柏林—勃兰登堡生物技术区糖生物学网络正式建立，旨在推动私营企业和科学家们共同研究糖生物学，推出糖生物技术产品，提高糖生物技术的经济价值。该网络受益于柏林未来技术基金会提供的经费支持以及柏林夏洛特医学院和BioTop中心的共同发起，柏林夏洛特医学院生化与分子生物研究所作为协调机构，该所所长沃纳·罗伊特（Werner Reutter）博士担任负责人，现有包括Glycotope公司、ProbioGen公司和先灵（Schering）制药公司在内的16个成员单位。（温民能，陈丽嫒，2006）[①]

案例2：柏林布赫个体化医学健康网络（Berlin-Buch Health Region）

2002年，在联邦教研部的经费支持下，由布赫园区内的研究所、医院、生物技术企业以及附近的临床机构组成的柏林布赫个体化医学健康网络正式建立，旨在通过增强单位之间的联系来挖掘增值潜力。作为InnoRegio计划中的一个项目，个体化医学健康网络现有柏林夏洛特医学院、马科斯—代尔布吕克分子医学中心柏林布赫分部、Glycotope公司、Rennesens公司、Eckert & Ziegler公司等近30个成员单位，共有约500名职工，并由柏林布赫BBB管理公司InnoRegio办公室担任协调机构。该网络内的协调工作一般通过碰头会和研讨会来进行，各项目均比较独立，重点是研究针对癌症、冠心病和退化性神经疾病等的分子诊断药物和个体化治疗药物。（温民能，

[①] 温民能，陈丽嫒. 德国的生物技术创新网络[J]. 中国医药生物技术，2006,12(1):77—79.

陈丽媛,2006)

从经费渠道来看,联邦政府、州政府、私人部门等均可为创新网络提供资金支持,可归纳为三种类型。

第一种是自下而上型网络(Bottom-up-Netze),以合作协调和网络管理获得商业优势为导向,商业目的较浓,更多的是企业行为,更加注重成员个人出资(最常见的方式为会员费,500—3 000欧元),而非公共资助。

第二种是外生自上而下型网络(Exogene Top-down-Netzwerke),通常由一名外部成员发起建立,主要关注较新的主题和未来重要领域,公共资助是主要经费来源。

第三种是内生自上而下型网络(Endogene Top-down-Netzwerke),主要由大学或科研机构构成的一个或少量中心成员起核心作用,通常采用内部化的网络管理,资助往往与科研机构紧密联系在一起,经费主要依托科研项目以及地区经济促进的联合资助、地区创新资助的特殊来源等,对公共资助的依赖性非常高。

三、经验借鉴

(一)明确政府发起、组织与协调的角色定位

德国在产业集群政策的基础上进一步发展了创新能力网络行动计划。在分工上,联邦政府主要负责制定科技创新战略和规划,发布区域性和产业性的激励计划,并通过遴选和评比的方式,对具有创新优势和潜力的区域或产业给予直接资助;州政府则根据自身区域的优势和基础,配合联邦的科技和产业发展规划,充分发挥选择、配置、调节和评价职能,扮演发起、组织与协调的角色,促进区域创新网络的发展,并探索跨区域合作的可能性。以此为鉴,上海应考虑在现有优质产业集群的基础上,选择优势产业和潜力产业,结合区域内成熟的产学研创新集群,发挥市政府的选择、配置、调节

和评价职能,积极构建上海创新网络。

(二)采用间接的资金支持方式资助产学研创新网络

从资助方式上来看,德国州政府对营利性科技创新主体较少给予直接资助,但通过对创新网络的评估和认定给予激励性资助、支持创新网络织网人和网络管理者促进网络形成两种方式对区域内创新网络提供间接支持。有鉴于此,上海应该逐步减少对产学研创新主体,特别是企业的直接补贴,转而通过间接性的激励制度鼓励创新主体与其他机构开展长期有效的合作,共享创新资源,促进区域内创新网络的自主形成。

(三)将培育织网人作为创新网络建设的重点

德国创新网络作用的发挥得益于织网人起到的关键作用以及完备的科技中介体系。织网人多为非营利性组织,资金来源多样化,州政府积极培育、发起产业集群和科技园区内的织网人组织,但并不参与直接管理。同时,德国技术转移平台建设完善,加速了科技成果的转化。参照标杆,建议上海以优势产业集群为基础,建立专门的创新网络发起、组织、协调和管理机构,促进创新主体间,特别是产学研创新主体间的深入合作与知识转移。同时,通过建立、升级技术转移平台来提高科技成果转化率。

第三节 对策建议

一、加快学研创新主体体制机制改革进程

(一)开展新型研发机构的组织和试点

新型研发机构是未来上海支撑引领战略性新兴产业发展、集聚国际顶尖人才和团队、集科技创新与产业化于一体的重要突破口。目前,深圳开展了一些新型研发机构的探索工作,出现了介于企业和事业单位之间的组织形式,如深圳光启高等理工研究院、华大基因研究院等。这些新型机

构名义上注册为民办非企业形式，实际是"多块牌子，一套班子"，以民非的身份享受部分事业单位待遇，有事业单位的待遇却不像事业单位运作，因此也被称为"四不像"机构。这种模式是对现有制度空白下的一种探索和创新。

作为上海探索现代院所制度建设的重要内容，应积极开展新型研发机构建设的试点工作，发挥试点机构示范带动作用。积极探索"价值观引领、章程式管理、机构式资助、第三方评估"的新型研发机构的资助模式，把明确院所的功能和定位作为试点的首要要求，把完善院所运行管理机制作为试点的主要任务，引导科研机构聚焦创新方向、打造人才队伍，并在体制机制上先行先试，以点带面，形成突破。对于符合上海市科技发展的重点前沿领域、由科学家背景的企业家领衔组建的新型科研机构、拥有巨大发展潜力的机构，通过重大专项基金和项目支持等方式，以机构式资助为主，重点和持续支持新型机构的发展。

（二）降低高校在科技成果转化过程中的行政风险

针对高校目前"重科技成果转移，轻科技成果转化"的特点，给予高校更高的处置自由度，在加快去行政化改革的基础上，重点把握国有资产管理介入的时间节点。在实践过程中，采用"先投后奖"模式的上海理工大学"太赫兹技术项目"，因其已经按照国有资产进行了评估作价和计入账目的程序，在其对科研团队实施奖励时，应当报经国有资产管理机关批准或备案。采用"先奖后投"模式的上海交通大学"新能源汽车示范网项目"、采用"分割IP+团队实资"模式的"航空精密铸造项目"和采用"IP奖励+团队承诺"模式的"水环境技术项目"，因在承诺投资时只是高校对知识产权的分割处理，知识产权尚未实际投资，因此国资管理介入的时间应当是在知识产权作价评估并实际出资之时。采用"IP奖励+团队承诺"模式的上海海事大学"光纤传感监测应用项目"、上海工程技术大学的"动力电池数据采集"等专有技术项目，因其在知识产权奖励时已经对知识产权进行了评估作价，只要持股公司计入公司账目，国有资产管理即应随之介入。

（三）培育市场化运营的科技中介机构

借鉴德国创新网络计划的相关经验，积极培育市场化运营的科技中介机构，并鼓励现有科技服务机构向科技中介转型，承担产学研协同创新网络织网人的重要功能。一方面，加快现有科技中介服务机构的体制机制转型，改变中介机构过分依赖地方财政直接补贴的现状，鼓励中介机构与产学研创新主体、高新技术园区、产业集群建立联系，开设入住分支办事处，更好地为创新主体服务，真正实现上海创新网络的协同发展。另一方面，积极鼓励高新技术园区内的运营管理机构，向"织网人"功能转型，以上海优势产业集群为基础，建立专门的创新网络发起、组织、协调和管理机构，促进创新主体间特别是产学研创新主体间的深入合作与知识转移，同时通过建立、升级技术转移平台提高科技成果转化率。

二、对接创新需求与科研人员考核制度

在深化事业单位人事制度改革的过程中，调动各类人员的创新创业积极性，实现人员无障碍流动、薪酬市场接轨、创新权益充分保障。尊重和规范科研人员的智力资本，允许和鼓励科研人员把在高校和科研院所获得的科技成果向企业转移，所获知识产权收益，按成本原则在单位和科技创新科研人员及团队之间分配，包括那些承担行政职务的团队负责人以及科技成果转化中介人员。允许和鼓励科研人员离岗创业，理顺离岗创业的相关制度规范，做好高校和科研机构的宣传工作，进一步解放思想，打消科研人员的顾虑，在约定的创业期间内保留其原有身份和待遇。鼓励和允许科研人员在完成本职工作的前提下在职创业或到企业兼职，并可获得相应的个人收入或股份。

加快落实"科创22条"中对于科技中介人才的户籍优惠政策，优化现有不合理的评判标准，使外省市优秀科技中介人才更好地落户上海。同时，2017年6月1日起正式执行的《上海市促进科技成果转化条例》（以下简称

《条例》)第30条指出"市人力资源社会保障部门应当会同市科技、教育等部门建立有利于促进科技成果转化的专业技术职称评审体系,将科技成果转化的产值、利润等经济效益和吸纳就业、节约资源、保护环境等社会效益,作为科技成果转化人才职称评审的主要评价因素",明确了科技成果转化人才在职称评定方面应予以有针对性的考核体系。此外,《条例》还首次明确指出了科技成果转化人才的报酬奖励议题,但具体落实措施仍有待相关部门协作出台。

三、建立市场化的国有企业经费管理办法

在国有资产管理体制下,国有企业在使用财政科研经费时往往存在很多顾虑,从而制约了国有企业科技创新的活力。应考虑适当下放企业在处置财政科研经费方面的自主权,同时建立完备的科研项目绩效考核体系,采用项目制的管理方法,鼓励企业用好财政科研经费,激发企业科技创新活力。加强各级政府机构的沟通联动,建立长期有效的协作机制,会同有关部门开展深入企业的调研工作,明确经费使用中的问题根源,在考虑国有企业实际需求的基础上予以协商解决。在此基础上,应积极推进国有企业科研人员薪酬体系的优化工作,探索股权激励在现有体系下的实施手段和应用效果,加强对科研人员的激励力度,确保国有企业能够真正实现科研人才"留得住、用得好"。

四、优化政府产学研协同创新激励机制

在现有激励机制的基础上,增加长期性资助和间接资助方式的比例。特别是针对上海优势高新技术产业中的关键共性技术以及上海具有较好研究基础和长期研发规划的企业,应考虑设立长期资助项目,并在年度考核的基础上提供连续性的资金支持。同时,适当增加间接资助方式的比例,从

德国建设创新网络的经验来看,州政府对营利性科技创新主体较少给予直接资助,而是通过以下两种方式对区域内创新网络提供间接支持:一是对创新网络的评价和认定给予激励性资助;二是支持创新网络织网人和网络管理者促进网络形成。因此,针对上海以企业为牵头单位的产学研合作主体,应转而通过间接性的激励制度鼓励创新主体与其他机构开展长期有效的合作,共享创新资源,促进区域内创新网络的自主形成。

此外,还应建立有效的产学研合作效果评价机制,在客观评价合作成果质量的基础上构建完善的评价指标体系和评价方法,改变当前产学研合作效果评价流于形式的现状,引导财政资金向更具活力的产学研协同创新联盟流动。

第七章　激发上海中小科技企业创新活力的体制机制研究

中小科技企业是中国创新的中坚力量,创造了全国65%的专利与80%的新产品。在上海建设具有全球影响力的科技创新中心的进程中,如何激发中小科技型企业的创新活力,充分发挥中小科技型企业在科技研发、成果应用和科技服务中的关键作用,是政府优化体制机制、实施"以创新驱动发展"战略转型过程中需要考虑的核心问题。

自2015年上海市人民政府关于加快建设具有全球影响力的科技创新中心意见出台以来,上海市政府和各区政府陆续颁布了各项创新优惠政策,专项扶持或惠及中小科技型企业,工作取得积极进展。然而,和国际其他科技创新中心及国内其他创新领先城市相比,上海中小科技企业仍然存在创新活力缺乏、创新能力成长性不足等问题。围绕创新资金、创新服务、创新人才、政府科技资源与信息服务四个方面,上海市政府及有关部门应采取积极举措,加强政府创新资金投入的供给侧改革,形成政府引导、市场主导的资金有效供给模式;加快建立创新人才分类管理体系、落实面向中小科技企业的创新人才综合配套服务;加快政府信息开放共享,提升政府资源服务的精准度与有效性。

第一节 现存问题

当前,科创中心建设仍处于较为初期的阶段,就本市中小科技企业创新现状而言仍然面临一定的问题。

一是综合表现。根据百度中小企业景气指数显示,上海中小规模企业综合表现为"微不景气"。中小规模科技企业综合实力尚未达到建设有全球影响力科技创新中心的战略要求。

二是品牌建设与成长能力。上海中小科技企业成长能力不足,优秀的案源匮乏,没有一批国内外叫得响的中小企业,也少有企业能够成长为具有持续创新能力和行业影响力的大型科技企业。拥抱中小科技企业的创新网络生态体系尚未构建完成。

三是企业研发投入。《上海科技创新中心指数报告2016》指出,虽然上海近几年涌现出不少具有代表性的创新型企业,但总体而言,上海的企业研发投入仍有待加强[1]。2015年,上海企业研发经费支出占全社会研发经费总量比重为60.8%,比上一年下降了2.6个百分点。这也与同时期上海高校和科研院所的研发经费支出保持两位数增长形成了对比。同时,政府研发补贴的创新激励效果不足与外部融资约束也成为抑制中小科技企业创新活力的重要因素。

四是创新市场表现。中小科技企业创新成果市场表现疲软,创新自主培育能力有待加强。据《上海科技型中小企业创新创业情况》调查显示,上海本地市场开放度不高,主要被国企和外资企业所占据[2]。部分技术密集、知识密集、资金密集型高科技研发创新领域准入门槛过高,政府扶持力度

---

[1] 《上海科技创新中心指数报告2016》,http://paper.sciencenet.cn/htmlnews/2016/12/363688.shtm。
[2] 《上海科技型中小企业创新创业情况》,http://www.shanghai.gov.cn/nw2/nw2314/nw24651/nw39559/nw39606/u21aw1145443.html。

不足,导致中小企业在上海市场竞争中势单力薄。目前,中小科技企业创新全球化能力还相对较弱。中小企业过分依赖政府制度资源进行技术创新投入,缺乏商业模式创新、管理模式创新的同步支撑,导致中小企业面临创新市场化失败的风险。

五是中小科技企业创新意识与能力。中小科技企业抗风险能力弱,一旦创新失败将遭受毁灭性打击;知识产权保护体系尚不完备,创新成果模仿性强,市场门槛低,中小企业创新红利可能被其他企业迅速蚕食;中小科技企业缺乏创新导向的企业文化、企业战略和长期有效的商业模式。以上问题导致中小科技企业面临比大型企业更困难的创新局面,造成本市部分中小科技企业仍然以"拿来主义"或"改良主义"等低风险策略应对市场创新需求。

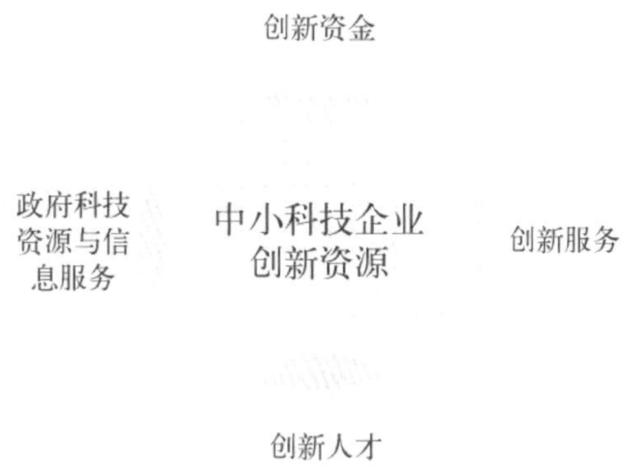

图7-1 中小科技企业创新的四方面资源需求

第二节 上海中小科技企业创新活力缺乏、创新能力成长性不足的体制机制原因

一、外部融资不畅,政府投入效率不足

中小科技企业由于自身营收限制,研发创新资金投入较大程度依靠政府与社会资本投入。在创新驱动发展的转型过程中,上海市政府加大了对中小科技企业的创新资金投入,研发经费占上海GDP比例稳步上升(如图

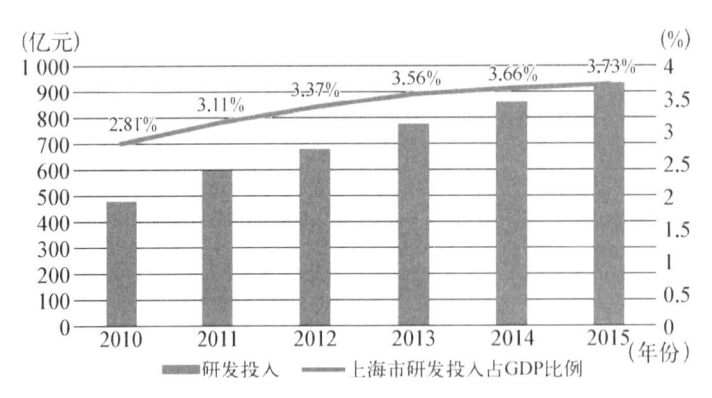

图 7-2　上海研发投入情况（2010—2015年）

资料来源：上海统计年鉴

7-2所示）。

尽管上海市政府高度重视对中小科技企业的科技创新资金投入和创新培育，但目前科技创新资金投入仍然存在外部融资渠道不畅通、政府直接投入效率不足等问题，使上海中小企业仍然面临较大的外源性创新融资约束，阻碍了中小科技企业创新事业的发展[①]。

中小科技企业外部融资通道未打通。《上海科技型中小企业创新创业情况》指出，"从融资方面看，适应中小企业的信贷体系尚未真正构建"。与国有企业和大型科技企业相比，中小科技企业开展创新活动时面临金融市场信息不对称造成的融资约束。一方面，企业在进行信息披露时对核心技术信息本身具有较强的谨慎公开意识，特别是对于研发类企业，非常注重对技术信息的保密，造成企业在申请政府专项和贷款时研发信息披露不足。另一方面，评估企业研发项目具有专业要求，股权投资基金在早期投资项目中专注于商业模式，"互联网+"的投资基金占90%以上，对科技创新项目大部分投资基金经理苦于缺少专业知识，对科技项目的市场前景、核心技术竞争力难以判断。作为主要提供融资业务的市场投资者，组织专家评审评估中小科技企业创新项目的成本较高，对于轻资产型的中小企业，也难以通

---

① 高松，庄晖，陈子健.上海科技型中小企业融资困境及对策研究[J].上海经济研究，2011，(3)，83—91.

过资产抵押方式获取贷款。同时,中国市场的会计信息公开制度不健全,第三方信息平台缺乏,加剧了科技创新资金投入方面的严重信息不对称。与外部金融机构相比,政府研发投入主要从科技成果的社会效益出发,面临研发信息不对称,政府会组织专家学者对企业研发项目进行评估,以此识别具有前瞻性的优质研发项目。但目前政府科技项目的宣传力度不足,仅在政府相关部门网站上以公示的方式列明企业名称、项目名称等基本信息,造成通过政府研发投入打通外部融资信息通道的信号作用不能有效发挥。政府项目评审过程的信息黑箱更可能导致其他市场参与主体对项目的公平性、公正性产生怀疑。根据课题组走访调研发现,部分科技企业由于认为政府研发投入存在"关系"导向而不愿参与项目申请。

政府研发投入的市场导向型有待加强。《促进科技成果转移转化行动方案》中指出要"发挥市场在配置科技创新资源中的决定性作用,强化企业转移转化科技成果的主体地位",但在目前政府科技项目的实际设计中仍存在市场导向性不足的问题。2017年6月,课题组对张江微电子产业进行走访调研。一些受访企业表示,部分政府部门编制项目申请指南时,通常只在政府专家和高校教授中讨论,来自企业的专家比例非常小。缺乏对市场实际创新发展状况的了解,导致一些项目立项时就和市场离得比较远,甚至已经落后于市场。中小科技企业创新很大程度上受政策引导,而不是从提升自身竞争力出发,"政策导向"的短期创新研发投入缺乏商业模式创新、管理模式创新的同步支撑,导致中小科技企业面临创新市场化失败的风险。在项目市场导向性不足和信息不对称的情况下,还催生出一些专门从事获取补贴的黄牛和中介,导致部分中小企业忽视企业科技和经营能力提高,转而以自我包装套取政府补贴为生。

二、科创服务碎片化,产学研协作仍存障碍

目前,上海的科技服务业仍处于较为初期的发展阶段,科技服务业发

展仍存在体制机制上的障碍[①]。

科技服务主体建设存在碎片化、同质化现象。上海市2016年8月《关于科技企业孵化器税收政策的通知》明确,对符合条件的孵化器自用以及无偿或通过出租等方式提供给孵化企业使用的房产、土地,免征房产税和城镇土地使用税、免征营业税、增值税,提供科技服务补贴等政策优惠。以上鼓励政策吸引部分投机者为享受政策红利建立众创空间和科技企业孵化器,加之政府对众创空间建设的事前空间布局与功能规划不到位、上海科技服务相关法律和准入机制不完善等原因,造成科技服务主体建设碎片化、同质化问题严重,科技服务市场混乱。目前,以"创业咖啡+联合办公"形式的互联网领域众创空间比例偏大,粥多僧少,入住率低,创新创业效率有下滑趋势,但同时仍有大量类似众创空间还在持续退出,甚至出现有创业团队到处撑场面的情况,造成创新资源大量浪费,而科技型企业需要的专业化培育支持体系尚未健全,服务能力缺乏。市场上已经建立大多数众创空间信息化严重不足,80%以上的众创空间或孵化器网站"僵尸"现象频发,第三方科技服务评估平台缺失,政府众创空间服务补贴评估结果的过程和指标依据不透明,最终导致中小企业难以通过公开信息对众创空间进行评估和定制化筛选。从科技服务内容上看,大多数众创空间功能体现为"场地出租+简单服务"模式,面向中小科技企业的研究开发、技术转移、检验检测认证、知识产权、科技咨询、科技金融、科学技术普及等专业科技服务和综合科技服务缺乏[②]。同时,很多孵化器更欢迎形成税收或有即将获得税收的中小企业,对初创期的企业关注较少。众创空间,特别是一些国有投资孵化器的专业化服务水平无法满足企业成长需求,同时存在重引进、轻服务的问题,特别是针对创业准备期和扩张器的预孵化和加速孵化功能弱。

[①] 张心怡,刘华林.上海科技型中小企业国际化经营服务需求调研[J].科技成果管理与研究,2012,(8):36—38.
[②] 吴迪,陈荣,孙济庆.上海科技型中小企业技术创新能力分析[J].现代情报,2015,35(4):26—30.

中小科技企业参与产学研创新网络的机制障碍未扫清。2016年2月《国务院办公厅关于加快众创空间发展服务实体经济转型升级的指导意见》指出,"按照市场机制与其他创业主体协同聚集,优化配置技术、装备、资本、市场等创新资源,实现与中小微企业、高校、科研院所和各类创客群体有机结合,有效发挥引领带动作用,形成以龙头骨干企业为核心、高校院所积极参与、辐射带动中小微企业成长发展的产业创新生态群落"。但由于缺乏体制机制的切实保障,中小科技企业参与产学研创新网络仍然障碍重重。这体现为:(1)中小企业创新资源有限,缺乏信息渠道,缺少聚合的桥梁和平台,难以与高校和科研院所对接;(2)部分中小企业知名度不高,高校和科研院所出于风险规避考虑不愿意开展合作;(3)以项目进行的产学研合作通常项目规模小、周期短,不利于稳定长期的创新网络关系的形成。

三、人才体系不完善,配套服务未落实

创新人才分类评价标准与管理体系不完善。围绕中小科技创新产业链,创新人才包括科技研发人才、工程师与技术人才、科技中介服务人才、金融行业面向中小企业专业风险评估人才等。不同类型人才创新产出、评价标准、职业发展路径均不同。目前,国内人才引进政策与相关职称评定方面主要面向高校与事业单位的科研人才,对中小企业中的工程师、科技中介服务人才、金融行业中小企业专业的风险评估人才等的评价标准和职业晋升路径尚不明晰。众创空间和企业孵化器的专业服务人员体量不足(仅2 000余人,具有专业服务机构工作经历的仅占10%),这导致众创空间特别是一些国有投资孵化器的专业化服务水平无法满足企业成长需求。

创新人才综合配套服务尚未完全落实。2017年1月23日《市级财政科技投入科技人才与环境类专项联动管理实施细则》在张江国家自主创新示范区专项发展资金人才与环境专项内容中指出,"支持人才公寓以及为园区高层次人才提供子女教育、医疗保障等配套服务的平台项目"。但实际上,

人才综合配套服务平台还未完全搭建，人才公寓供不应求，户籍政策对创新人才子女教育产生约束。在户籍方面，上海"科创22条"中提出，"充分发挥户籍政策在国内人才引进集聚中的激励和导向作用"，并在居住证办理、直接入户等方面提出了要求，上海市人力资源和社会保障局发布了《关于服务具有全球影响力的科技创新中心建设实施更加开放的国内人才引进政策的实施办法》，并将创新创业中介服务人才纳入到重点引进人才范畴内。但在实际操作中，办理居住证和户口时，《实施办法》却采用"技术合同"的概念，以《科技进步法》所规定的四技合同（技术服务合同、技术开发合同、技术咨询合同和技术转让合同），直接把《促进科技成果转化法》所规定的合作实施、作价投资合同甚至其他更有利于科技成果转化创新的合同排除在外，导致"发挥户籍对科技成果转化的杠杆作用"失去效力。据了解，截至2016年5月31日，无一例中介机构人员成功办理户籍入户登记。

四、服务供需对接不畅，政府科创部门协同不足

政府科技资源供给与中小科技企业实际需求对接不畅。课题组通过对张江微电子产业、生物产业的数家企业的走访调研发现，政府有利于创新活动开展的多项政策与相关财政、科技资源投入并未被中小科技企业相关人员所知晓和利用。在对上海电气进行调研时发现，大型国有企业通过设立专职人员跟进政府创新政策，对新出台的利好政策进行分析和解读，但规模较小的中小科技企业不具备这一条件。据部分企业反映，科创中心建设的政策非常庞杂，缺乏统筹和系统的信息服务与政策指导，有的政策文本语言晦涩，存在系统获取难，弄清弄懂难，综合利用难等问题[1]。《上海小微企业发展现状与需求调查报告》显示，企业对政策了解度普遍不高，66.7%被调查企业对"大众创业、万众创新"相关政策表示"不太了解"

---

[1] 顾玲琍，杨小玲，龚晨.上海科技型中小企业政策服务需求调查分析[J].华东科技，2013（11）.

或"完全不了解",认为影响政策落实的主要原因是宣传度不够的企业占据47.2%;中小企业对创新服务平台的使用积极性不高,中小企业业主大多是科技人员,政策制度能力不强;"政府推动型"政策不能被中小企业正确理解和充分运用。课题组在对微电子行业孵化企业进行调研时,受访企业表示政策对产业发展具有长期引导作用,但由于政府科技政策和资源供给与中小企业存在对接不畅的问题,在短期内对中小科技企业的拉动作用不明显。在政府开放数据资源方面,在2017年《中国地方政府数据开放平台报告》"开放森林"指数排名中,上海列居首位。但政府对开放数据目录的宣传力度不够,作为开放数据使用者,企业存在不了解政府有什么数据资源、不知道如何获取数据资源等问题。

各部门科技资源与信息服务纵横协同度不足[1]。科技成果转化的具体实施涉及发改、科际、教育、工商、税务等各个行政机关,尽管《促进科技成果转化法》19条已经提出加强科技、财政、投资、税收、人才、产业、金融、政府采购、军民融合、知识产权等政策协同,但政策执行对应的政府部门工作依然分散。和中小企业有关的科技资源和信息服务分散在不同的政府部门,权责归属的交叉复杂对中小企业造成了障碍。中小科技企业往往握有突破性甚至颠覆性的创新技术,跨界融合特征日益突显,却与既有的规范和标准不相容,甚至没有规范和标准可循。在现行模式下,面对不熟悉的领域和技术,很多政府工作人员秉持"保守求安全"的消极思维,习惯于"砌墙"而非"开渠"。

第三节　国际经验:芬兰的创新体系

20世纪80年代起,芬兰开始启动创新驱动发展的经济转型,力图将本

---

[1] 陈群民,徐建.上海科技型中小企业发展的瓶颈与对策[J].科学发展,2015(04):88—92.

国经济从要素驱动、投资驱动转向创新驱动。经过30多年的发展,芬兰从"以资源为基础"的增长模式成功升级为"以创新为驱动"增长模式。诺基亚、通力(KONE)电梯,"愤怒的小鸟"和"部落冲突"等诞生于芬兰的全球知名科技品牌体现了芬兰具有持久生命力的创新能力。在2016年世界经济组织的创新指数排行榜上,芬兰位列前五。芬兰拥有完善的创新体系的顶层设计、先进的教育水平、高素质的劳动力以及利于创新且具有竞争力的商业环境,其创新战略设计和发展进程对中国国家创新战略具有一定的借鉴意义。

表7-1 芬兰与中国上海科技研发投入数据(2012—2014)

R&D研究人员（每百万人）	2012年	2013年	2014年
芬兰	7 460	7 188	6 986
中国	1 036	1 089	1 113
中国上海	6 444	6 864	6 932
研发支出（占GDP比例）	2012年	2013年	2014年
芬兰	3.42	3.3	3.17
中国	1.93	2.01	2.05
中国上海	3.37	3.56	3.66

数据来源：世界银行,上海科技统计。

一、芬兰创新实践

（一）创新体系建设

芬兰的国家创新体系由六层主体构成,体系结构庞大却结构清晰。

第一层是由芬兰议会、内阁和科学与技术政策理事会构成的首要政治机构,主要负责国家创新战略的顶层设计,决定芬兰创新的发展方向。其

芬兰国家创新体系

议会、内阁、科学与技术决策理事会	·创新顶层设计，决定芬兰创新发展方向
教育部、贸易与工业部等政策制定部门	·将抽象的战略、理念转化为具体措施
芬兰科学院、芬兰创新基金会、芬兰国家技术创新局	·芬兰创新机构体系中的政策落实及协调部门
企业、芬兰技术研究中心、行业协会、大学等	·创新政策具体执行机构
科技园区、商业园区和孵化器	·知识与技术转移
产品供应与服务供应机构	·支持和推动创新与资本的融合

图7-3 芬兰国家创新体系六层结构与主要功能

中,科学与技术政策理事会直接由芬兰总理组建。

第二层由教育部、贸易与工业部等政策制定部门构成,负责将抽象的宏观政策和战略理念转化为能够落地实施的具体措施,是创新的中观调控层。

第三层包括隶属教育部的芬兰科学院、直属国家议会的SITRA(芬兰创新基金会)和就业与经济部下辖的TEKES(芬兰国家技术创新局),是推动科技成果向现实生产力转化的重要主体。其中,芬兰国家技术研究院是芬兰的国家科学院,主要从事政府导向的前沿基础科学研究。SITRA是芬兰国会监管下的独立性公共基金会,致力于促进技术成果的商业化和种子项目的融资。TEKES是芬兰投资于研究和开发的主要国立机构,为公共部门和私营企业研发创新项目提供资助及网络支持,鼓励并推动企业和科技团体的合作以及制造商、供应商、顾客和终端用户之间的合作。TEKES聚焦某一特定领域,联合企业、高校和科研机构的力量,实施某项国家技术计划,时间一般在五年左右,推动产业群的形成。TEKES资助了包括诺基亚在内的所有成功的高技术企业。

第四层是研发创新的实际主体,包括企业、VTT(芬兰技术研究中心)、行业协会、大学等。企业是创新活动主体,在创新产业化、创新价值实现过程中起到重要的推动作用。VTT是北欧最大的多学科研究机构,主要提供研发、测试、产品审批和认证、信息和风险投资服务,帮助客户开发新产品、更新生产方式和服务,开拓新的商业领域。行业协会主要负责产业组织、技术标准和通用知识和人才社交平台的搭建。大学是创新人才产地,也是基础研发和推动产学研合作的重要主体。

第五层是知识与技术转移机构,包括技术科学园区、专业研究中心网络,主要完成科技创新产业化对接工作,搭建科创"最后一公里"。

第六层是以科技创新风险投资公司为主的商品供应与服务供应机构,帮助创新技术和创新企业完成融资活动,推动创新与资本的融合。

可以看出,芬兰的国家创新体系设计完备,无论是从政府创新治理、前沿基础研究、企业应用性创新技术开发、创新产业化、创新人才培养和输出、创新融资等哪个方面,均有主体机构进行专业的服务,创新体系中各主体各司其职,互相配合,形成高效、系统的创新生态体系。

(二)创新创业人才培育

人才是创新之源。芬兰非常重视对教育的投入,教育支出占GDP比重高达7.5%,远远超过世界平均水平。在基础教育方面,芬兰极其重视师资质量,要求基础教育的教师须是具备硕士及以上学历的研究性人才。在师资选拔方面,不仅重视教学能力,还重视教师的创新能力、教学热情以及终身学习能力。在高等教育方面,芬兰是欧洲教育体系最完善的国家之一,全国拥有20余所大学,人均拥有大学和图书馆的比例高居世界前列。芬兰从20世纪90年代开始设立技术学院,以职业为导向,以培养具有高级技能的人才为目标。芬兰的创新人才培育计划不局限于传统的研发型人才,还包括对工程师人才和职业技术人才的培养。目前,芬兰共有20多所技术学院,是芬兰高等教育的主要组成部分,为企业输送了大批创新型技术人才。

"诺基亚"的陨落使芬兰一度陷入创新低谷。为激发国家创新活力,为市场培育和输入更多创新创业人才，芬兰政府积极进行高等教育体系改革，希望"依靠高等教育为经济发展注入更强大的动力"。2010年，芬兰教育委员会合并了赫尔辛基经济学院、赫尔辛基技术学院和赫尔辛基艺术与设计大学，成立了聚焦创新创业的阿尔托大学。阿尔托大学通过设立创业课程、校园孵化器、强大的技术转化办公室、创业师资队伍以及支持和衔接这些创新创业主体的创业网络，支持对创新科研人才、技术人才、创业管理人才、运营人才的培养，承担向芬兰社会输送创新创业应用人才的使命。

（三）创新网络构建

芬兰政府在坚持市场导向的同时积极参与企业扶持和创新环境营造的具体工作中，其中TEKES承担了资助企业创新的工作，体现了以企业为中心、服务于企业创新需求的这一政府工作定位。TEKES上海地区事务负责人、芬兰驻沪总领事馆科技领事贺亚盟表示，近年来TEKES的投资金额持续增长，投资资金60%流向了公司（其中70%属于中小企业），近90%芬兰企业的创新与TEKES有关联。在挑选创新资助对象时，TEKES特别注重对具有颠覆性、前瞻性的中小企业创新的支持。2015年以来，芬兰重点推进实施促进就业、创业和经济增长的政策，将政府投资的重点放在为具有创新潜力的中小企业提供贷款和担保上。在资助期限上，芬兰充分尊重部分前瞻类、基础类创新的长周期特性，这体现为TEKES对4—7年长期创新项目的支持。2013年9月，芬兰政府通过了"国家科研机构和研究资助综合改革决议"，重点是建立重大社会相关性和研究支持政府决策的多学科、高级别研究。该决议涉及公共研究机构的重组，将一些公共研究资金重新分配给竞争性研究经费；在芬兰科学院内设立一项新的战略性研究经费工具，以支持针对芬兰社会面临的挑战的长期研究。在资金支持方式上，采取无抵押、低利息贷款和直接拨款（不要求回报）的方式，后者充分体现了芬兰对创新失败的宽容。在资助申请手续上，芬兰企业平均只需要花费58天即可完成申请，高效率的申请、审查机制帮助企业节省不必要的行政成本。

除了对单个企业创新活动的支持,芬兰还特别重视构建创新网络、发挥创新带动作用,表现为芬兰对大型企业和高校提供资助的前提是它们承诺与中小企业开展合作,其目的在于加强企业与企业之间、企业与研究机构之间的联系,让资源有限的小企业可以从其他主体获取力量。

二、经验启示

芬兰的国家创新战略的实施成就卓著,这主要得益于芬兰健全的创新体系设计、高素质的创新人才培育以及政府对创新的大力支持。芬兰的成功对上海实施科创中心战略、激发中小科技企业创新活力都具有重要的启示意义。

(一) 加强创新体系的顶层设计

与大多数国家相比,芬兰的创新变革并非一个被动缓慢的过程,其创新体系是政府高瞻远瞩的主动设计的结果。芬兰国家创新体系的核心组织于20世纪60—80年代逐步建成,于90年代成型。在该体系中,创新的不同环节均有具体的主体予以负责,不同主体分工明确、各司其职、纵横协同。以此借鉴,在创新驱动发展的城市转型过程中,尽管一些问题可以在市场规律作用下随着创新链自发生长完善予以解决,但是对于时不我待的上海科创中心建设,显然应该主动完善体制机制顶层设计,通过上海科委、教委、经信委等各部门横向协同以及创新体系内政府、科技服务业、园区、企业等主体的纵向配合,加快创新体系的建设和完善。

(二) 创新资助、创新文化、创新网络

芬兰营造了极其有利于创新的市场环境,大力支持有创新活力和创新活力的企业主体进行研发、技术创新、商业模式创新和市场开拓活动。充分尊重创新规律,对部分基础类创新予以长期资助。以资助方式为抓手,营造"容错"的创新文化。鼓励创新主体间的合作,通过制度设计来激励大型企业和高校与中小型企业进行合作,构建创新合作网络,形成"1+1>2"的协同效应。以此为鉴,上海为中小科技企业提供创新服务的过程中,应该从制度上予以保证,激励其他创新主体主动建立横向合作,在创新网络中充分吸纳中小科技企业的创新活力、市场灵活性和潜在的技术颠覆能力。

(三)建立健全创新创业人才培育体系

芬兰对创新人才的认定突破了传统研发人才的界定范围,人才培养体系也在人才成长过程和创新人才专业教育上有相应的变革。芬兰极其重视人才基础教育,在师资上重视中小学教师的创新能力和学习能力,在教育的早期就打下了创新的基础。在高等教育阶段,通过教育体系变革成立专注于创新创业的大学机构,在"动脑"研发人才之外,同样重视工程师、职业技术人才、创新管理人才等"动手"人才的培养。以此为鉴,上海在建设科创中心的过程中,不仅应该加强高端研发创新人才的聚集和培育,还应该对创新链各个环节关键人才进行分类评价、激励、管理和服务。

(四)政府信息服务与行政管理

芬兰政府在面向中小科技企业创新资源与信息服务上进行集中管理,由统一的机构TEKES为企业研发创新项目提供资助及网络支持,鼓励并推动企业和科技团体的合作以及制造商、供应商、顾客和终端用户之间的合作。集中管理与服务方式避免了权责不清、归口不明等问题。在项目审批上,尽可能简政放权,芬兰企业平均只需要花费58天即可完成申请,高效率的申请、审查机制帮助企业节省不必要的行政成本。政府信息服务与行政管理方式为上海体制机制改革提供启示。

第四节 对策建议

总体指导思想:"改善中小企业创业环境、培育创业主体、强化创业服务,推动设立创业投资引导基金,鼓励各类私募基金和创业投资机构加大对中小企业特别是科技型中小企业的投入,为中小企业发展注入新的活力。充分发挥科技企业孵化器和小企业创业基地的作用,鼓励和支持创新导向的创业活动,以创新提升创业水平和创业企业的成长能力。"(《我国八大措施扶持中小企业创新发展》)

一、加强创新资金供给侧改革

（一）建立政府引导、市场主导的创新资金配置方式,实现研发补贴资金新供给

对以市场为导向的企业创新研发活动来说,政府研发补贴额度很难完全满足其融资需求,而市场融资具有机制灵活、经济效率高的特点[1]。在吸引市场融资方面,政府应利用研发补贴专家审核机制建立中小科技企业创新能力评价体系或建立中小科技企业创新信息共享发布平台,在保护企业核心技术的基础上,向市场融资机构提供关于企业创新能力和科技信用的信息。在此基础上,加大对中小科技企业天使投资的政府支持力度,设立大型政策性融资担保机制,以互联网金融为基础构建完善的科技信贷、创业信贷、科技保险和融资租赁等科技金融服务体系,规范引导商业银行设立专注中小科技企业科技创新活动,提供适应中小科技企业发展与创新需求的针对性金融创新产品和股权、债权相结合的融资服务,实现投贷联动[2]。

（二）加强政府研发投入的供给侧改革,发挥好政府补贴的创新激励作用

政府科技项目应转变方式以适应市场创新活动的需求以及提升政府研发投入的精准性和有效性。在前期,应注重加大对科技创新市场现状

---

[1] 纪建强,陈晓和.科技型小微企业融资难的原因及对策研究.科技进步与对策,2013,30(24):111—116.
[2] 林志航,郑智丰.我国科技型中小企业的多维金融支持体系构建.经营与管理,2017,(3):13—15.

的深入调研,加强政府科技项目规划过程中的市场参与;评选过程中应完善项目评估、甄选和反馈机制;立项后应注意对项目的过程监管,发挥政府信号作用,引导市场资金对经评审的优质项目的注入。对于中小企业主动承担或参与重大前沿科技创新研发项目,应进一步落实容错机制,对创新项目因为重大政策调整不可抗力等客观因素影响未实现预期目标的,经评估并履行相关程序后,对相关企业及领导人员不作负面评价,进一步落实2016年11月11日《上海市天使投资风险补偿管理实施细则(试行)》,对创业投资机构投资种子期、初创期科技型企业的实际投资损失的风险补偿,针对政策适用对象、申请标准、损失审核、后续监管和防范恶意骗补等依据细则贯彻落实。在应用性成果绩效导向方面,组织协调发改、经信、国资、财政、审计、科技、教育等政府机关建设有利于科技成果质量导向的指标体系,将对应用类财政资金资助项目中成果转化的责任和期限纳入到项目事后评估中。建立中小科技型企业资源库,健全中小科技型企业统计调查、监测分析和定期发布制度。加快中小科技型企业信用体系建设,开展对中小科技型企业的信用评价,打通中小科技企业外部融资的信息通道。

二、促进科创服务主体协同发展

(一)促进科技创新服务主体集群化发展,加强科创服务的协同效应[1]

加快完善科技服务的法律法规和科技服务主体准入机制,加强对市众创空间、科技孵化器等中介主体的规划和管理。重点布局科技创新服务公共平台布局,进一步推进科技服务信息平台的作用,以信息集聚带动服务集聚,打破地理空间障碍和信息流动障碍,促进科技创新服务集群化发展与主体间协同效应。依据《关于加强知识产权运用和保护支撑科技创新中心建设的实施意见》,以漕河泾新兴技术开发区与张江高新技术产业开发区

---

[1] 解学梅.上海科技型中小企业协同创新模式识别与评价[J].科学发展,2014,(8):61—68.

为试点,推动知识产权服务平台建设,鼓励和支持知识产权服务机构为中小微企业提供知识产权托管等服务。鼓励外商投资知识产权服务业,支持国际知名知识产权服务机构依法开展知识产权服务业务。开展知识产权服务品牌机构建设,着力培育一批熟悉国际规则、具备实务操作能力和较强竞争力的高端知识产权服务机构。推动建立上海知识产权服务业协会(联盟),研究制定知识产权服务业规范,开展知识产权服务相关领域标准化试点示范建设。推动上海科技和产业协会创新转型,夯实各领域中小科技企业综合服务保障。加快推进科技领域智库建设,开发沉淀的科技智力资本。

(二)加强对中小企业参与产学研创新网络合作的体制机制保障

进一步转变政府职能,实现以企业为中心、服务于企业创新需求的这一政府工作定位。深入开展科技人员服务企业行动,通过科技特派员等方式组织科技人员帮助科技型中小企业解决技术难题。在产学研合作中,国家设立的研究开发机构和高等院校应当采取措施,优先向中小微企业转移科技成果,为大众创业、万众创新提供技术供给。落实高校建设的国家重点实验室、国家工程实验室、国家工程(技术)研究中心、大型科学仪器中心、分析测试中心等各类研发平台向中小企业有效开放的机制。在"四新券"申领和发放中向具有研发潜力的种子期、初创期中小科技企业倾斜,激发本市中小企业创新活力。参照芬兰创新网络建设的经验,以项目为抓手,在制度上辅助"以大带小"的创新网络建设,推动中小科技企业参与产学研创新网络合作中,加快建立面向中小科技企业的创新网络体制保障,引导科技服务机构、大中型企业更好带动和服务中小企业的技术创新。

三、完善人才综合服务体系

(一)加快建立创新人才分类评价、管理和激励体系

借鉴芬兰创新创业人才培育经验,围绕中小科技企业创新链全过程

人才进行分类引进和专业培养,针对人才的创新产出特性设立针对性的评价机制。在大学中通过设立创新课程、创业管理咨询课程、校园孵化器、强大的技术转化办公室、创业师资队伍以及支持和衔接这些创新创业主体的创业网络,支持对创新科研人才、技术人才、创业管理人才、运营人才的培养。高等院校增加职业人员专业设置,建立尊重职业技术人才、创新行政管理人才的社会文化氛围。发挥产业园区的人才聚集作用,推动中小科技企业创新人才奖励机制,落实对高新技术企业和科技型中小企业转移转化科技成果给予个人的股权奖励,递延至取得股权分红或者转让的税收优惠政策。

(二)加快落实面向中小科技企业的创新人才综合配套服务

鼓励在财政补助、落户、社保、税收等方面给予中小科技企业倾斜性政策扶持。鼓励科技型中小企业与高等学校、职业院校建立定向、订单式的人才培养机制,支持高校毕业生到科技型中小企业就业,并给予档案免费保管等扶持政策。鼓励科技型中小企业加大对员工的培训力度。加快落实"科创22条"中对于科技中介人才的户籍优惠政策,优化现有不合理的评判标准,使外省市优秀科技中介人才更好地落户上海。同时,2017年6月1日起正式执行的《上海市促进科技成果转化条例》(以下简称《条例》)第30条规定,"市人力资源社会保障部门应当会同市科技、教育等部门建立有利于促进科技成果转化的专业技术职称评审体系,将科技成果转化的产值、利润等经济效益和吸纳就业、节约资源、保护环境等社会效益,作为科技成果转化人才职称评审的主要评价因素",明确了科技成果转化人才在职称评定方面应予以有针对性的考核体系。此外,《条例》还首次明确规定了科技成果转化人才的报酬奖励,但具体落实措施,仍有待相关部门出台细则。

四、提升政府服务精准度与有效性

(一)加快政府信息开放共享进程对企业创新的助力

政府向市场公开、共享创新相关公共数据。对中小科技企业,以项目评估为主要方式实现企业创新信息新供给,对接中小科技企业科技信用平台,完善中小科技企业信用评价体系。政府部门与第三方企业信息平台对接,创新企业数据采集与管理方式,通过高效采集、有效整合并充分运用政府数据和社会数据,掌握企业需求,推动行政管理流程优化再造,在注册登记、市场准入等商事服务中提供更加便捷有效、更有针对性的服务。利用大数据等手段,密切跟踪中小微企业特别是新设小微企业运行情况,为完善相关政策提供支持。

(二)对不同行业不同领域的中小企业实施集中决策、分类管理,加强政府资源投入与信息服务的精准度与有效性

参照芬兰TEKES经验,调整现行职能碎片化、分割化的管理体制,设立为中小企业服务的一站式服务机构,以中小科技企业需求为导向,强化发改、科技、教育、工商、税务等各个政府部门间的纵横协同。提供一门式服务窗口和信息平台,对不同产业、不同领域中小企业提供分类咨询服务,帮助中小科技企业解决科技成果转移转化过程中的疑难问题。围绕"法不禁止的,市场主体即可为;法未授权的,政府部门不能为;法有规定的,政府部门必须为",在张江园区针对中小企业政府资源开放与信息服务进行试点探索,解决在中小科技企业创新活动中融资、人才、信息服务等全过程问题。设立专门的专家团队分析、解决中小科技企业创新成果与现有政府管理模式不兼容问题。

第八章　建设张江国家综合性科学中心的体制机制研究

张江国家自主创新示范区是上海深入实施自主创新战略、建设具有全球影响力的科创中心的核心承载区域。2017年7月29日,张江科学城建设规划获市政府正式批复,张江科学城的核心支撑作用初步显现,将实现从"园区"到"城区"的转型,与张江综合性国家科学中心形成"一体两翼"格局。很大程度上,张江的发展代表了上海科创中心发展的高度。

未来张江将转型发展成为中国乃至全球新知识、新技术的创造之地、新产业的培育之地;成为以国内外高层次人才和青年创新人才为主,以科创为特色,集创业工作、生活学习和休闲娱乐为一体的现代新型宜居城区和市级公共中心;成为科研要素更集聚、创新创业更活跃、生活服务更完善、交通出行更便捷、生态环境更优美、文化氛围更浓厚的世界一流科学城。

第一节　把握机遇,创造新模式

国务院常务会议要求上海以新模式推进科创中心建设。我们体会,上海科创中心建设的核心功能区和核心载体在浦东,浦东科创中心建设的核心引擎在张江。张江不仅要创造GDP,更要创造创新驱动的新模式。以结构性改革聚焦张江核心区将加快形成全球科创中心建设的新模式,就是政府和市场双轮驱动的"四个联动"的推动机制。

一是在科创中心建设动力上的"三区联动",即自贸试验区、自主创新示范区和国家全面创新改革试验区联动发展的新格局。原上海市市长杨雄在市推进科创中心领导小组第一次会议上强调"三区联动":"把国家全面创新改革试验区与自贸试验区、在张江国家自主创新示范区建设紧密结合起来,突出综合统筹,形成更系统、更协调、更有力的叠加效应"。"三区联动"就是要发挥创新、开放、改革的系统叠加效应,以创新为灵魂,以改革为动力,以开放拓空间。它既是国家战略的叠加,也是浦东张江的特殊资源和独特优势。

二是在创新主体上的"三家联动",即科学家、企业家、投资家的科技创新、模式创新、转化创新联动,以科学家引领的科技创新提供要素新供给,以企业家引领的模式创新推动新技术、新产品的商业化、产业化,以投资家支撑的转化创新提升科技创新的市场价值,"三家联动"做大做强创新主体。张江已经是科学家、企业家、投资家最为集聚之地。

三是协同创新上"三队联动",就是大设施、大平台的创新国家队、跨国研发中心和研发总部的国际队、民营企业研究院和研发中心的本土队,三支队伍协同创新,共同构造中国自主创新最前沿,助推实现我国科技水平由跟跑并跑向并跑领跑转变。

四是产业集群上的"四业联动",即以科技创新引领的生物医药产业、集成电路产业、高端装备产业(航空航天、新能源汽车、智能制造研发和设备等)以及以模式创新及大数据、云计算、互联网为依托的平台服务产业。张江在这四大产业上处于领先发展,是上海"四新经济"的策源地,并且引领创新驱动、跨界运营、交相嵌入、产业融合的发展新趋势,对长三角从招商引资转到创新创业的转型发展上起到示范带动效应。

第二节　精耕细作，促改革措施落地

目前，张江核心区已经是上海全市创新驱动的标杆，创新人才最为集聚，创新成果最为高端，创新资源最为丰富，创新产业最为领先，创新环境建设也有一定的优势。但是，与美国硅谷等世界级创新核心功能区相比还有很大差距，在领军企业培育、人才发展生态、科技民营经济发展上也要学习借鉴中关村海淀园、深圳南山区、杭州滨江新区的做法和经验。

如何贯彻落实供给侧改革，如何把上海"科创22条"和"人才新政20条"落到实处？浦东新区推进全面创新改革需要改革重心向下，力争创新突破的改革举措在张江核心区早落地、早见效，以微观改革促进微观创新，使之成为全面创新改革的综合试验田。以张江核心区为实施主体，围绕全面创新改革，在国家、市和浦东新区的支持下，政府、创新主体和新型智库联动进行接地气的深入调研，把国务院授权上海的改革措施深化落实，并找准制约发展的瓶颈，加强改革突破，一项一项抓实施方案，形成可复制、可推广、可转化、可落地的经验。

聚焦核心区和"三区联动"的措施落地，将使张江发展定位站高一步，张江将在全球科创中心建设中发挥核心引擎作用。这体现在：紧紧围绕做实做强国家科学中心，未来五年投资逾千亿元，建设世界最好科技城；进一步集聚创新领军人才，培育世界级创新企业和创新平台，催生前沿性重大突破创新成果。

从具体目标来看，张江未来5年需要新增创新人才10万人，其中国际人才所占比重在10%以上，科技企业研发投入占张江区域生产总值比重达10%以上，生物医药、集成电路、文化创意等主导产业年均递增15%以上，年销售总收入突破万亿元。

第三节 创新机制,激发内生活力

张江国家科学中心建设是上海建设全球科创中心的关键,张江是核心承载区。张江国家综合性科学中心也将进一步集聚一批国家实验室、科学大设施和国家创新平台。如何以改革创新助推张江大科学中心建设?我们以"软硬并举"的思路提出三点建议。

一、加强重大科技基础设施集群管理

重大设施和重要平台聚焦张江核心区,目前主要是上海光源和蛋白质中心两个科学大设施、高校和国家级科研院所11家、市级创新服务平台36家、500强企业跨国研发中心138家。当前正进入全国科学大设施建设的新一轮热潮,要瞄准世界科技前沿领域和国家战略需求的结合点,争取更多的科学大设施落地张江。正在推进的有上海光源二期、软X射线自由电子激光用户装置、活细胞结构与功能成像等线站工程、超强超短激光实验室装置等"1+3"大科学设施项目。目前的建设机制还是以体制内立项和运营管理为主,建设经费来源比较单一,后续更新跟不上(如超算中心反映,发达国家一般为2年更新,我们是4年),管理运营机制不够灵活,与微观创新和微观经济对接还有很大需求和空间。

建议借鉴美国国家实验室的经验。美国国家实验室主要从事大规模、高风险、关系国家发展战略和国家安全的基础性、前瞻性研究工作,有政府直接投资管理实验室,也有政府委托给企业或非营利机构管理的实验室,还有政府提供部分资助的研发中心,其承包商从政府得到不少于70%的建设和管理经费。建议建立多元化投资建设和认定大设施的机制,支持大科学设施的研发服务功能以企业形式和市场机制进行承包运营管理,以稳定

专业队伍,体现设施、成果、数据和技术服务的开放共享,提高使用效率,支持企业为主体的研发创新。

二、整合高端供给资源以提供支持和配套服务

建议市里在张江试点实施把创新券的使用扩大到国家级、市级所有创新服务平台,同时创新券的收入可全部用于平台服务团队的劳务费分配。建议浦东新区和张江核心区给予软硬件的配套支持,除了提供硬件建设的土地空间和生活设施配套之外,还要在人才配套政策和创新机制上积极作为。目前的痛点是:由于内部机制原因,有些事业编制的大设施的人才团队留不住,特别是青年"千人"等年轻人才后继乏人。建议市区联手支持建立专门的公益性质创新人才基金会,给予领军人才团队创新和安居的资金支持,张江基金对大科学设施的支持要从项目补贴转为对人才团队提供的共享服务补贴,同时帮助落实浦东新区的人才政策,为人才团队特别是青年领军人才解决居住、子女入学等问题。

三、支持国家创新平台的成果转移转化

要建立政产学研结合的科创成果转移转化机制,把国家级创新团队的科技优势、人才优势转化为产业优势和经济优势。中科院上海药物所、中科院高研院等引领创新为主的平台正在探索创新成果转移收入的分配改革,推进重大创新成果转移转化。蛋白质中心、光源中心等也有一批高端成果有待转移转化。由于成果处于早期,转移转化的分配机制不畅通,科学家不擅长操作商业化、市场化的转移转化,影响到张江国家队创新成果的就地转移转化。建议建立张江国家科学中心专门的技术转移转化公共服务平台和可转化、可运用成果的数据库。

第四节　优化环境,打造创新创业生态链

供给侧结构性改革的重点是解放和发展社会生产力,落实到浦东张江,就是以新发展理念和全面创新改革的措施来推进科技创新与经济发展的对接,推动新技术、新产业、新模式、新业态的蓬勃发展。供给侧改革不单是税收优惠,还要通过一系列政策举措和制度创新来突破制约创新发展的传统体制机制,改变束缚创新创业创造手脚的政府管理方式,以制度创新和政策供给保障经济结构的新供给。新区要发扬敢闯敢试敢突破的改革精神,一方面要结合新区实际,系统落实全面创新改革国家战略的规定动作;另一方面遇到国家和市改革方案的空白点,也要按照需求导向,有改革突破的自选动作,针对制约创新发展的瓶颈和痼疾,敢于开刀、敢于创新,积极探索,大胆试验。

一、深化创新人才发展机制

实施更加开放的引进人才开放政策,加快构建具有全球竞争力的人才制度体系,聚天下英才而用之。据我们调研,人才集聚是上海最大的优势,人才机制瓶颈是上海创新发展最突出的痛点。

(一) 落实创新人才发展"三个机制"

一是向用人主体放权的人才评价机制,引进人才评价主要由用人主体打分;二是为人才松绑的人才自由流动机制,对引进外地创新人才配套落实直接落户机制;三是让人才创新创造活力充分迸发的人才激励机制,包括股权激励、事业单位薪酬改革和分配制度改革等。

(二) 落实海外高层次人才和青年领军人才的"三个待遇"

一是以绿卡(永久居留权)进一步落实外籍海外高层次人才的国民待

遇；二是以户口进一步体现外籍人才的市民待遇；三是以薪酬进一步体现体制内科创人才的市场待遇。

（三）探索体制内创新服务平台人才的"三个激励"

一是创新平台人才可以在企业兼职兼薪和拥有股权；二是张江专项资金对创新平台的支持政策，主要用于平台团队为企业创新提供的共享服务劳务支出，本市"科技创新券"实行对国家级、市级创新平台的全覆盖，其收入可全部用于创新平台人才团队的劳务费支出；三是事业单位承办创新平台的，其市场化服务收入可主要用于人才团队分配。

二、深化创新创业配套机制

中国在海外人才约有300万人，至少一半以上没有归国。如何通过柔性方式引进外籍高层次人才离岸创业？离岸创业主体非本国公民，在特定区域设立离岸创新创业基地，企业注册在离岸基地，经营在全球，有利于突破在岸创业的人才进出、市场准入、资金往来、业务经营的体制机制限制。据我们和有关部门共同调研，目前的障碍主要在离岸创业人才的外籍身份上，由此在办理企业和业务经营上受到很多非国民待遇的限制。我们建议，浦东要率先在张江核心区试点落实中央和国务院关于创新驱动的若干意见，"对持有外国人永久居留证的外籍高层次人才在创办科技型企业等创新活动方面，给予中国籍公民同等待遇"，以此作为离岸创业配套政策先行先试的突破口。一是出资方式与中国籍公民同等待遇。符合试点条件的外籍高层次人才设立科技型内资企业，其注册资本、出资方式等与中国籍公民同等待遇。鼓励符合条件的申请对象以自有知识产权出资或与国内自然人、企业共同设立内资科技型企业。二是市场准入以同等待遇为前提扩大开放。属于鼓励类的行业，市场监管局可直接登记；属于限制类的行业并列入负面清单的，经商务委同意，市场监管局可予以登记。三是在注册企业和经营活动中全面落实国民待遇。持有中国永久居留证的外籍高层次人才设立科技型内资企业在税收财政、资金扶持、项目投资、社会保障、金融外汇、知识产权保护、上市审批和本市重大专项申报、设立研发公共服务平台等方面全面落实国民待遇。

三、优化普惠税制

包括研发费用抵扣、高新技术企业认定改革，也包括对研发型小微企业、天使投资和新模式平台企业实行财税优惠等，建议把需求和建议方案向国家和市主动汇报。同时，建议新区财政研究如何加大对创新创业的财政支持力度，在张江核心区先行实施。

四、引导科技金融机制

政府发挥天使投资的引导作用，建议在种子基金上不采取国资管理，而以财政资金管理机制和"成本＋利息"退出进行运作。支持以银行为主体或以创业投资机构为主体实施"投贷联动"。支持企业挂牌科创板，给予有关托管费用的补贴，加大发挥张江股权托管交易中心的加速器作用。

五、支持新型研发组织

支持事业型研发组织改制，在存量资产处置上采取成本退出机制；支持民办非企业法人的技术研究院和新型智库发挥公共服务的创新功能和智库功能，给予部分经费的补贴；支持科研平台和行业领军企业共建产业研究院，允许科研人员在企业兼职和持有股份；支持跨国研发中心拓展发挥创新运营中心功能，从成本中心转向利润中心，在经营范围调整和财税政策上给予支持。

六、实现国家科学中心和科技城的协同创新

包括建立张江国家科学中心和张江科技城的理事会,以法定机构形式强化科技城管理机构的服务功能,加强张江核心区与张江国家科学中心理事会的联动机制,整合条块的创新资源,鼓励大科学中心的人才团队为小微创新企业提供创新服务,让国家科学中心的"两创"人才享受地方人才政策和鼓励技术创新政策。

图书在版编目(CIP)数据

全面创新改革：上海建设全球科技创新中心的体制机制问题/王振等著. —上海：上海社会科学院出版社，2018
（上海社会科学院院庆60周年暨信息研究所所庆40周年系列丛书）
ISBN 978-7-5520-2334-3

Ⅰ.①全… Ⅱ.①王… Ⅲ.①科技中心—建设—研究—上海 Ⅳ.①G322.751

中国版本图书馆CIP数据核字(2018)第095874号

全面创新改革：
上海建设全球科技创新中心的体制机制问题

著　　者：王　振等著
责任编辑：熊　艳
封面设计：周清华
出版发行：上海社会科学院出版社
　　　　　上海顺昌路622号　邮编200025
　　　　　电话总机021-63315900　销售热线021-53063735
　　　　　http://www.sassp.org.cn　E-mail: sassp@sass.org.cn
排　　版：南京展望文化发展有限公司
印　　刷：上海颛辉印刷厂
开　　本：710×1010毫米　1/16开
印　　张：13.25
字　　数：200千字
版　　次：2018年6月第1版　2018年6月第1次印刷

ISBN 978-7-5520-2334-3/G·731　　　　　　定价：79.80元

版权所有　翻印必究